サヴェジ・システム試論

統計的決定理論の公理化と期待効用の最大化

園 信太郎 著

内田老鶴圃

序　文

Savage, Leonard Jimmie, 1917.11.20-1971.11.1
は，1954 年に公表した冊子「基礎論」において，統計的決定理論の公理化を試みている．彼のこの議論は，Bayesian Statistics の基礎づけを行ったものとして言及されるが，彼が実際に行っているのは，統計的決定理論の公理化である．そしてこの作業の副産物として，期待効用最大化の原理が従う．

彼の議論は，今日では，数学的文脈でとらえられるのが普通のようだが，実際には，経済および統計といった領域に属するものである．筆者はこの冊子で，サヴェジ氏のシステムの「なかみ」をなんとか伝えることを試みた．このような試みは，残念なことに，あまりなされていないようである．だが，経済行動や統計学への規範的接近の真摯な例を知ることは，学徒にとって決して無駄ではあるまい．特に若い学徒にとっては，このような規範的接近を学ぶことは貴重であると，筆者は判断する．どうか，快適に学んでもらいたい．

2017 年 2 月

園 信太郎

謝　　辞

何よりもまず，2016 年度を小生の Sabbatical Year にして下さった北海道大学当局への謝意を記す．次に，この冊子の出版を決断された，内田老鶴圃社長 内田学氏に深い謝意を記す．さらに，小生の悪文とつきあって頂いた，編集担当の笠井千代樹氏への感謝の意を記す．旧友にして畏友である，吉野諒三，奥村雄介，両氏への謝辞も落とせない．さらに，末尾ではあるが，未熟な中学生であった小生に，集合論への的確な入門書を御教示下さった，浅田日出夫先生(藤沢市立明治中学校教諭，当時)への感謝の意を記す．

2017 年 3 月

著　者

目　次

第1章　サヴェジ・システム

第 2 章　補遺—文献など—

第1章
サヴェジ・システム

1　規範的接近に関するある注意

明晰な推論と平明な前提とに基づいて，考察を進めようとする場合，しばしば数学が利用される．前提となる公理，公準，定義などが，「個」の行為に関わる合理性に合致していると判断されるならば，少なくともその判断を下す当人にとっては，問題の考察は「規範的，normative」であると形容される．したがって，数学を利用していても，自動的には，規範的とはならない．そこには，問題の考察を観察する者の判断が介入する．当然，意見の対立も起こり得る．

だが通常行われる規範的接近について，ある注意すべき事柄がある．それは集合論的述語，つまり帰属関係 $\in$ に関する論点である．Russell's paradox は広く知られていると思われるが，それをユーザ・サイドからまとめると次である．つまり，「s は Q」を $Q(s)$ とし，$A=\{s|Q(s)\}$ と置くと，$a\in A\Leftrightarrow Q(a)$．そこで特に，$X=\{x|\neg x\in x\}$ と置くと，$X\in X\Leftrightarrow \neg X\in X$．これは矛盾．基本的な記号操作のみで，簡潔に矛盾が従うこの paradox は，集合論の，つまり $\in$ のユーザにとっての，大きな困難である．ユーザ・サイドからすれば，$\in$ は自由に使いたいのだが，無制限とはいかない．通常，規範的と呼ばれる考察では，$\in$ を統制する「規範」は言及されない．$\in$ は，いわば「経験的，empirical」に利用されているのである．

$\in$ に対しては経験的ならば，その考察は，本来の意味で規範的とは呼べないはずである．だが，通常は「経験的」のままである．そこでは当然，選択公理が利用される．筆者も $\in$ は，ひとまず経験的に用いる．だが，本来の規範的考察とはどうあるべきなのかという問は，念頭に置いておく．

2　理文の二分法のある問題点

これは，理系，文系への二分法のことであり，恐ろしいことだが，高校段階ですでに為されていると聞く．この二分法は，経済および統計といった領域に適性を持つ学徒にとっては，実にむごいものである．この領域を「経済」と略称すれば，「経済」に適性を持つ学徒は，ぜひとも若いうちに規範的接近の重要性を学ぶべきなのである．

通常理系では，物理および工学といった領域を意識して，実学的な数学教育が為される．「経済」のための数学は二の次である．文系では，文学および歴史といった領域が根幹なので，「経済」のための数学が入り込む余地が，事実上ほぼない．つまり，問題の「数学」は，経済学者による，いわば volunteer に，頼らざるを得ない．適性を持つにも関わらず，適切な時期に規範的接近を学べないとすれば，学問にとってもその学徒にとっても，実に不幸である．

とにかく，時代遅れでしかもむごい二分法ではなく，理経文の三分法へと，速やかに移行していただきたい．「経済」は，言うまでもなく，一大事である．

3　想像上の実験

推論を遂行する際の前提たちの各々が，「個」の行為に関わる規範，つまり maxim としての性格を備えているか否かを，各自が(それぞれの立場から)試すことが重要であるが，その際「想像上の実験」が活用される．つまり，自分が問題の前提を侵犯している状況を想像して，この(想像されている)状況において，自身がどのような反応を示すのかを，よく「観察する」のである．例えば，論理上の矛盾を発見した際のように「不快に」感じるのであれば，問題の前提は，ひとまず規範としての性格を備えているとして多分よかろう．

ここで(数学における)論理的法則が規範としての性格を備えていることを確認しておく．例えば，「円周率 π は超越数である」という C. Lindemann の定理を考えてみる．これは「円積問題」に関わる．誰でもよいのだが，どこかの誰かが，紙面上に与えられている円と同面積の正方形を作図することに，ただし，直線を引く定木と円を描くコンパスのみを使って，成功したと主張したとする．筆者はこの主張を，法螺でないとすれば，作図上の過誤に基づくものだと判断するであろう．つまり，この(誰でもよいのだが)「誰か」の主張は偽であり，「作図という行為」での過誤が存在するのである．つまり数学的論理は，「個」の行為に頑強に関わる．

(行為に関する)規範も，数学における論理に似た強制力を持つことが望ましい．だが，任意に与えられている主張を規範と見なすか否かは，各自の想像上の実験に依存するのであり，当然見解の相異が生じ得る．つまり各自が，自身の想像上の実験の場を「まもる」のである．

4　事物論理

事事物物に即して展開される論理を事物論理と呼ぶこととする．例えば，「選好，preference」，「事象，event」，「ふたしか」，「マネー，money」などが，事物論理の対象であり，これらは当然数学外の事柄である．事物論理は，実業家，実験家，フィールド・ワーカーなどが関わらざるを得ない論理である．これに対して，純粋数学における論理を純論理と呼ぶと，この純論理は，数(すう)，図形，量，空間，長さ，次元などに関わる生粋の論理である．

ここでは，事物論理の少なくともある側面に数学的接近をはかることとする．この接近は，「ふたしか」に直面している「個」にとっての「合理的な」行為とは，元来いかにあるべきかを問う作業に基づく．この作業の副産物として，「個」に関する，期待効用最大化の原理が従う．なお，数学的諸原理に精通していても，経営者として通用するとは限らない．事物論理を純論理に還元することは，仮にできるとしても容易ではなかろう．

5 「できごと」の一回性

「できごと」，つまり事象だが，これは「一回的，unique」である．例えば，「明日の午前中，このキャンパスで雨が降る」という事象は，「その」雨という一回的な事柄に関わるのである．「雨が降る」という現象は繰り返すが，「その」雨は一回的であり，例えば，「問題の雨は結局降らなかった」となれば，「その」雨という事象は通用しなかったのである．「その」という冠詞に注意していただきたい．なお，反復的事象(repetitive event)という「ことば」は存在するが，その内容は明晰でない．

現象の反復可能性と「できごと」の一回性とは，混同されてはならない．「明日の午前中，この部屋で某君に会う」という「できごと」は一回的であり，今後も某君としばしば会うことが極めて当然であるとしても，文字通り「いちえ」である．

6　「おこない」の一回性

「おこない」，つまり「行為，act」だが，行為の本質を「決定，decision」としてとらえるのならば，この「おこない」も一回的である．「同じ」決定が反復されることはない．例えば本格的な実験家なら，「同じ」実験などないことを痛く承知しているはずである．決定に「まきもどし」などない．

「類似の」行為を反復するという表現はあるが，それら一連の行為を「ひとまとめ」にして，「一つの」行為ととらえれば，やはり「一つの」決定である．「この」決定は当然一回限りである．

7 「えらぶ」ということと無差別性

二つの選択肢 a および b から，「個」が一つを「えらぶ」とは，結局いかなることか．「個」が，a および b が「ことなる」と判断しているとして，例えば「a よりも b をえらぶ」とは，いかなることか．もし「個」が，自身にとっての「とく」を重視するのであれば，「a よりも b は「とく」である」という自身の判断を，「a よりも b をえらぶ」という「おこない」によって，自身の態度で黙然と示すことであろう．

だが，「ことなる」選択肢が「無差別」である可能性を，論理上は排除できない．「正ではあるが微少な額」という表現が意味を持ち得る仮想的な価値尺度を想定して，その微少な額 $\varepsilon > 0$，例えば $1/10^{16}$ 円を，導入して，b よりも「a および ε」を「えらび」，しかも a よりも「b および ε」を「えらぶ」のならば，少なくともその「個」にとっては，両者は「無差別」とでもするべきか．だが，この判断様式には，「a と b とが「無差別でない」とすれば，その格差は ε より大である」という前提が，暗黙の内に先行している．ここでの「無差別でない」は，「無差別」への言及であり，結局，この $\varepsilon > 0$ による接近は，問題の「個」が，「無差別」の内容を(少なくともいくらかは)承知していることを前提としている．つまり悪循環の嫌疑がかかる．

そこで規範的には，$\forall \varepsilon > 0$ を持ち出すこととなる．だが，「仮想的な価値尺度」の存在は決して自明ではない．結局，「a よりも b をえらぶ」は，「個」の「とく」に関して，「a は b 以下である」(あるいは「b は a 以上である」)とのその「個」の判断を表す行為ととらえて，「以下である」(あるいは「以上である」)という表現に，暗黙の内に，「無差別」を含ませる方策をとらざるを得ないであろう．

8　利と得

前節で「個」の「とく」に言及した．ここでは利と得とを慎重に分けることとする．「利」とは，例えば，勝利，有利，利益などにおける「利」である．「得」は「徳」に通じて，「個」の「もちまえ」である．

勝負の観察者が，この「利」と「得」との違いに言及することがある．例えば，「なるほど横綱の勝ちだが，綱にふさわしい内容ではないようだ」とか，棋士どうしの勝負で，「彼は負けたが，名人を相手になかなか善戦した」などと評価したりする状況が，想定される．そこでは勝「利」の内容がきびしく問われているのである．

ここでは「とく」を問題とし，「利」に立ち入ることはしない．だが，かなりの財産家ではあっても「不幸な」人物は(必ずや)存在し得るであろう．マネーで測られる「利」において勝利しても，自身の「とく」において失敗する例は，おそらくは存在する．実際筆者は，ある有能なビジネスマンが，「とく」について「あやまった」選択をするのを「見た」ことがある．

9　分裂排除の原則

選択肢 a および b が提示されているとして，「個」が，これらからの二者択一を迫られているのならば，「個」は行為において，自身の「とく」に関していずれが「以下」(あるいは「以上」)であるかを，黙然と示さざるを得ないであろう．つまり両者は，強制的な状況において比較可能なのである．だが，「a よりも b がとく」であり，しかも「b よりも a がとく」であることは，不合理であろうか．これら「えらび」の様式で前者を前提とすれば，ある仮想的な価値尺度を想定した上でだが，正ではあるが微少な ε(例えば $1/10^{16}$ 円)に対して，「a および ε」を b と交換してもよいとできるはずである．同様に後者の選びの様式に対しても，「ε」を選べば，「b および ε」を a と交換できるはずである．これらの交換によって，手元に a がもどってきて正の額 2ε が失われることとなる．これらの「えらび」の様式を保持する限り，正の額が任意有限回失われることとなる．これは「不合理」といってよいであろう．つまり「a よりも b はとく」かつ「b よりも a はとく」は排除しなければならない．すなわち，「「b は a 以下」あるいは「a は b 以下」」を規範として採用すべきであろう．

だが，仮想的な価値尺度の存在は自明ではない．むしろ規範的には，「「a よりも b」かつ「b よりも a」」は，論理上の錯誤と同様に「不快」なものであり，このような「えらび」の分裂は，「個」において，排除されねばならないと判断すべきである．

10 循環排除の原則

a，b，および c を選択肢とする．さらに「個」が，「a は b 以下」，「b は c 以下」，「c より a はとく」の三つの「えらび」を保持するものとする．「ε」を用いると，「c および ε」と a とを交換してもかまわない，a と b とを交換してもかまわない，b と c とを交換してもかまわない，手元に c があり，一方で ε が失われることとなる．これら三つの「えらび」を保持する限り，正の額が任意有限回失われることなる．これは「不合理」といってよい．つまり，「「「a は b 以下」かつ「b は c 以下」」ならば「a は c 以下」」を，規範として採用すべきであるだろう．

だが，仮想的な価値尺度の存在は自明ではない．「えらび」の循環は，論理上の錯誤と似て「不快」であり，「個」において，排除されねばならないと判断すべきである．

11 「むくい」としての結果

「個」が，今後の人生全般にわたる「おこない」**f** を定めるものとする．この場合，**f** が自身にもたらすこととなる「結果，consequence」を，「個」は問題とするとしよう．この結果はいわば「むくい」であり，「個」の窮極的「経験」であり，「ことば」によって示唆はできても近似はできない，「個」における「純粋経験」である．つまり窮極的「むくい」としての純粋経験である．

ここでなぜ「個」にこだわるのかを，一言述べておく．「個」を純粋経験によって解消してしまえば，結局「神秘」への傾斜は不可避ではないのか．そうなれば，「とく」を問題とする（経済および統計といった）領域は，二の次であり，それどころか「どうでもよいこと」にもなりかねない．つまりここでの「個」とは，実用上の要請である．筆者は，「神秘」が「悪い」とは言わない．一即一切一切即一式に，地球の裏側の「個」の苦悩が，直下（じきげ）に感得できるのならば，それは「悪」ではない．だが，「ともだおれ」の気配が濃厚である．真剣に「とく」を問うのならば，「神秘」とは一線を画すべきである．

12 「むくい」たちと「えらび」

「個」は複数の「むくい」を想定でき，それらの内どれを欲するかを判断する．特に，「個」は，「自身は d よりも c を欲する」という判断を少なくとも一つ持ち得る．ここで注意すべきなのは，何らかの価値尺度を想定しているのではなく，端的に「欲する」のである．この「欲する」とは，「欲念」に関わるが，そのままではこの「欲念」が合理的か否か不明である．つまり，「むくい」の間の「えらび」には冷静に対処する必要がある．

なお「個」が，「いかなる「むくい」も無差別」と(本当に)判断する場合は，おそらくはその「個」は，自身の「とく」に(本当に)無関心なのであり，ここでの考察の外にいる．筆者の場合，少なくとも，「根元苦」，「平常心」，「適」といった，三つの状況が存在する．

13 「こころざし」の重要性

今後の人生全般にわたる「おこない」**f**を「個」が定めるとは，いったいいかなることか．**f**は「こころざし」，つまり「志」であろう．「ふたしか」に直面している「個」が，**f**を振り返ると，**f**は黙然と進むべき道を指し示すのである．**f**とは，「個」における「心のコンパス」である．事物論理の重大な副産物がこの「心のコンパス」に他ならない．

だが，ここで「悪」の問題がある．ここでの議論では「悪」の問題には立ち入らない．ただ，自分の為していることが「悪」であることを，ほとんど自覚していない連中がいることを，小生はもちろん承知している．しかし，ここでの「個」が，いわゆる善人である保証はない．

14　「この」世界

「個」は，「この」世界 S に対峙する．「この」S は，元 s（状態と呼ばれる）などが属する，空でない集合である．S の部分集合は事象と呼ばれる．全事象 S および空事象 $\varnothing$（よみはウー）は共に事象である．なお，空集合は $\forall z(\neg z \in \varnothing)$ で特徴づけるものとする．集合間の $=$ を，

$$A = B \Leftrightarrow \forall x\ (x \in A \rightleftarrows x \in B)$$

によって規定しておけば，空事象 $\varnothing$ は一意に定まる．

B を事象とする．事象の有限列 $(B_i, i=1, \cdots, n)$，n は正の整数，が B の分割であるとは，次である．

$$B = \bigcup_{i=1}^{n} B_i,$$
$$i \neq j \Rightarrow B_i \cap B_j = \varnothing.$$

(C, D) を B の分割とすると，$(C, \varnothing, D, \varnothing, \varnothing)$ なども B の分割であり，分割に，任意有限個の空事象（空項）を追加しても，やはり分割である．このような「むだ」のある分割は，Lebesgue（ルベーグ）式近似和で期待値を定義する際に，当然逆像が空となり得るから，暗黙の内に利用されている．なお，S に関する B の補集合（余事象）を $\sim B$ と表記する．つまり，$\sim B = \{s \in \mathrm{S} \mid \neg s \in B\}$ である．

ここで自然数系列についてひとこと述べておく．1から始まる自然数の全体を $\mathbf{N}$ とし，0から始まる自然数の全体を $\boldsymbol{\omega}$ とする．$\boldsymbol{\omega} = \mathbf{N} \cup \{0\}$，$\neg 0 \in \mathbf{N}$，である．この zero 0 だが，足しても引いても相手に影響をもたらさず，掛け合わすとどの相手でも自分に引き込み，それで割ることは許されないというしろものである．この0を，便宜的な存在ではなく，他の数と全く対等に扱うことは，ささやかではあっても一つの跳躍ではなかろうか．少

なくともいわゆる文系では，数概念の(多分最初の)拡張の例として，この0に言及すべきである．

さらに有限集合について述べておく．$\mathbf{N}[n]=\{x\in\mathbf{N}|x\leq n\}$，$n\in\boldsymbol{\omega}$，と置く．$\mathbf{N}[0]=\varnothing$ である．ある $n\in\boldsymbol{\omega}$ に対して $\mathbf{N}[n]$ から A への全単射が存在する場合，A は有限集合と呼ばれ，この n は A の基数と呼ばれる．有限集合に対して基数は一意に定まる．また A の基数は，$\#(A)$ とか $\#A$ などと書かれる．特に，$\#\varnothing=0, \#\{\varnothing\}=1, \#\{\varnothing,\{\varnothing\}\}=2, \#\{\varnothing,\{\varnothing\},\{\varnothing\{\varnothing\}\}\}=3,$ $\#\{\varnothing,\{\varnothing\},\ \{\varnothing,\{\varnothing\}\},\ \{\varnothing,\{\varnothing\},\ \{\varnothing,\{\varnothing\}\}\}\}=4,\cdots.$

15 「むくい」の単離

「個」の「おこない」$\mathbf{f}$と「この」世界$\mathbf{S}$の状態とにより，「個」の「むくい」cが決まるものとする．この純粋経験cを「おこない」および$\mathbf{S}$から単離して，あたかもprizeやincomeのように取り扱う．例えば，「窮極のどしゃぶり体験」という結果が，すがすがしい快晴の日にもたらされるというような，自由な想像上の実験ができるようにするのである．これは言わば，純粋経験を賞とする「くじ」を考えることなのだが，考察する事象の内訳は自明ではない．それは，「その最愛の人の死」や，「その一個の采のひとふりが，一の目と六の目とをもたらす」であるかもしれない．「こころざし」を抱く「個」は，いかなる事象であっても冷静に対処する．

例えば「個」が，明日の午前中の天気を「晴れ」，「曇り」，「雨」とし，これらを事象と見なし，結局「世界」に対する分割と見なして，対応する結果を，「すがすがしい快晴体験」，「陰鬱な曇天体験」，「窮極のどしゃぶり体験」としたとする．この際「個」が，例えば，「晴れの日の窮極のどしゃぶり体験」，「曇りの日の陰鬱体験」，「雨の日のすがすがしい快晴体験」，という「くじ」を，自身の想像上の実験の場で，自由に活用できるようにしておくのである．

16 関数としての行為

状態 s と行為 $\mathbf{f}$ によって結果 $\langle s, \mathbf{f}\rangle$ が定まるとする．ここで $\mathbf{f}$ を固定して s を変数と見なすと，これは，$\mathbf{S}$ から可能な結果の全体への関数である．結果の全体を Csq と表記し，これは空ではないとする．すなわち，$\mathbf{f}:\mathbf{S} \to Csq$（$\mathbf{f}$ は $\mathbf{S}$ から Csq への写像である）と見なせる．そこで，$\langle s, \mathbf{f}\rangle$ を $\mathbf{f}(s)$ と表記してもよいであろう．特に，Csq の任意の元 c に対して，$\mathbf{S}$ 上で常に値 c をとる関数を考えることができるが，これを $\langle c\rangle$ と表記する．

通常の数学では，定数の関数への埋め込みは当然のこととして行われる．しかし行為 $\langle c\rangle$ は，いかなる状態に対しても純粋経験 c をもたらす「不動の」行為であり，その内訳は自明ではない．

17　選好の導入と価値判断の先行

ここで「選好，preference」を導入する．選好は「このみ」に関わるが，その本質は「決定」である．人材を登用する際に，あいつは「このみ」には合致しないが，紛れもなくそのポジションに適合するという判断を，誰でもよいのだが，ある経営者が下したとしても，別に不思議ではあるまい．

「個」の行為の全体を **F** とすると，この **F** は **S** から Csq への写像の全体であり，その「個」は，**F** 上の二項関係 $\leq$ としての選好を持つ．この選好は，分裂排除の原則と循環排除の原則とを満たす．また，**F** は空ではないが，特に，$\langle c\rangle$，$c \in Csq$，を元として持つ．ここで，任意の結果 c，d に関して，「c と d とは無差別」であるのならば，問題の「個」は，自身の窮極的「むくい」に無関心なのであり，この「個」は「とく」の考察の対象とはなりえない．ここでは「とく」を問題とするので，ある結果 c，d が存在して「d よりも c は得である」と仮定する．つまり，ある種の「価値判断の先行」を認めるのである．

選好を $\leq$ と表記すると，「$\langle c\rangle \leq \langle d\rangle$ にはあらず」，すなわち $\langle d\rangle < \langle c\rangle$ を満たす結果 c および d が存在するとする．「価値判断の先行」は，あくまでも「一つの」判断なのであり，価値尺度の存在を仮定しているわけでは，決してない．

さらにこの行為間選好 $\leq$ を利用して，結果間選好を，$c \leq d$ とは $\langle c\rangle \leq \langle d\rangle$ のことであると「定義」する．だが，「むくい」の間には「個」の「このみ，taste」がある．この「このみ」は欲念に基づくので，合理的様式を満たす保証がない．そこで，この「定義」を導入して，結果間の「このみ」を，行為間選好の統治下に置くのである．

18　条件つき選好の前提

The sure-thing principle を「商量の原理」と訳すこととする．(A, B)を世界の分割とし，**f** および **g** を「個」に対する選択肢とする．「A が通用する場合 **g** は **f** 以下であり，B が通用する場合もやはり **g** は **f** 以下である」と，「個」が判断する場合，この「個」が A，B いずれが通用するかを知らないとしても，「**g** は **f** 以下である」と判断するとしても，この判断の様式は不合理ではあるまい．もしさらに，「A は実際上不可能ではない」として，「A が通用する場合 **g** よりも **f** は得である」とその「個」が判断するとすれば，いずれが通用するかを知らないとしても，「**g** よりも **f** は得である」と判断しても，この判断の様式は不合理ではあるまい．このような判断の様式が「商量の原理」である．Informal には，商量の原理は充分な説得力を持ってはいるであろうが，A，B の各々が与えられている場合の選好，つまり条件つき選好の「定義」や，「実際上不可能ではない」という表現の内訳の規定が不明であるので，このままでは，選好 $\leq$ を統制する規範系には組み込めない．そこでもう少し考えてみる．

B を事象とし，仮に $\leq$ given B が導入されているとすれば，この条件つき選好は，$\sim B$ 上で行為 **f** および **g** がどのようにふるまうかには関わらないはずである．そこで，**f**，**g** を $\sim B$ 上で一致するように変形したものを，各 **f′**，**g′** とする．ここで $\mathbf{f'} \leq \mathbf{g'}$ ならば，$\sim B$ 上では一致しているのであるから，$\mathbf{f} \leq \mathbf{g}$ given B と表現しても不当ではなかろう．だが，ここで問題なのは，$\sim B$ 上の変形の仕方に **f′**，**g′** 間の選好は影響を受けないという，暗黙の前提である．これを「条件つき選好の前提」と呼び，「個」が荷う原則に追加して，この原則を以下のようにまとめておく．

B を事象とし，**f**，**f′**，**g**，**g′** を行為とする．**f**，**f′** は B 上で一致し，**g**，**g′** は B 上で一致し，**f**，**g** は $\sim B$ 上で一致し，**f′**，**g′** は $\sim B$ 上で一致すると

せよ．すると，$\mathbf{f} \leq \mathbf{g}$ ならば $\mathbf{f}' \leq \mathbf{g}'$.

B が「個」にとって「実際上不可能である，virtually impossible」とは，「いかなる行為 $\mathbf{f}$，$\mathbf{g}$ に対しても $\mathbf{f} \leq \mathbf{g}$ given B」であることであると，定義する．

19　選好の双対など

$\mathbf{f} \geq \mathbf{g} \Leftrightarrow \mathbf{g} \leq \mathbf{f}$ によって，双対(そうつい，dual)的選好 $\geq$ が定義できる．$>$ に対しても同様である．また同値関係 $=\cdot$ が，$\mathbf{f} =\cdot\, \mathbf{g} \Leftrightarrow \mathbf{f} \leq \mathbf{g} \wedge \mathbf{g} \leq \mathbf{f}$ によって導入できる．条件つき選好についても $\geq$given B，$<$given B，$>$given B，$=\cdot$ given B が導入できる．なおこれらの条件つき関係は，$\leq$given B から定石的に定義できるが，もとの $\leq$ からも定義でき，二つの定義は一致する．

なお，B が「実際上不可能」であることと，「任意の行為 $\mathbf{f}$，$\mathbf{g}$ に対して $\mathbf{f} =\cdot\, \mathbf{g}$ given B」とは，同値である．実際上不可能な事象は「零」と呼ばれることがある．しかし Lebesgue 式積分論の「零」とは，かなり内容が異なる．

20　結果間選好の前提

結果 c は「個」にとっての純粋経験であり，世界の状態の影響を受けない．このことをいかにして定式化すればよいのか．事象 B を実際上不可能ではないとして，$c \leq d$ の場合，$\langle c \rangle > \langle d \rangle$ given B となりうるであろうか．ここで問題としている純粋経験は，世界の状態の影響を受けない，いわば「定数」である．したがって，零でない事象による条件づけによって，選好が変質することはないはずである．したがって，次の「結果間選好の前提」と呼ばれる原則を，「個」に課すこととする．

c および d を結果とし，B を実際上不可能ではない事象とする．この場合，$c \leq d$ と $c \leq d$ given B とは同値である．したがって，零でない B に対して，$c < d$ と $c < d$ given B とは同値である．

「個」は，分裂排除の原則，循環排除の原則，価値判断の先行，条件つき選好の前提，結果間選好の前提を，現段階では荷っている．

21　許容可能性の原理

n を正の整数とする．$\mathbf{f}$ および $\mathbf{g}$ を行為とし，B を事象として，$(B_i,\ i=1,\cdots,n)$ をその任意の分割とする．任意の i に対して $\mathbf{f}\leq\mathbf{g}$ given B_i とすると，$\mathbf{f}\leq\mathbf{g}$ given B．さらにある j に対して $\mathbf{f}<\mathbf{g}$ given B_j とすると $\mathbf{f}<\mathbf{g}$ given B（n に関する数学的帰納法を使うことを忘れてはならない）．

n を正の整数とし，$(c_i,\ i=1,\cdots,n)$ および $(d_i,\ i=1,\cdots,n)$ を結果の列とし，$(B_i,\ i=1,\cdots,n)$ を上と同様の分割とする．各 B_i 上で c_i および d_i をとる行為を，各 $\mathbf{f}$ および $\mathbf{g}$ とする．ここで $c_i\leq d_i\,\forall i$ とすると $\mathbf{f}\leq\mathbf{g}$ given B が従う．さらに零でない B_j があって $c_j<d_j$ ならば，$\mathbf{f}<\mathbf{g}$ given B．証明には n に関する数学的帰納法を使う．

$B=\mathbf{S}$ ならば，結論の given B は省ける．後者は「許容可能性の原理」と呼ばれる．この「原理」は，天下りではなく，規範的に導出されるのである．

22 信念の程度

「確率」とは，「ふたしか」に対峙する「個」が保持する，「信念の程度」である．同じ状況に置かれている異なる「個」が，同じ証拠に直面しており，しかも同じ「このみ」を持つとしても，同じ事象に対して「同じ」確率を持つとは限らない．しかし，これらの「個」は，自身が自身へと課す同一の規範系に従うという様式において「合理的」であるとする．つまり「確率」に個体差を認めるのである．このような「個人論的見解，personalistic views」は，紛れもなく「主観主義」であり，「個」から分離された客体としての「確率」，すなわち「絶対」確率の存在を決して認めない．この「確率」の基盤は，「経験」と呼ばれる巨大な「くら」である．この「くら」は，つまり「蔵」だが，結局「なにもの」であろうか．

なお直感(観ではない)によって「確率」を処理する流儀もあるが，直「感」とは，そんなに信頼できるものであろうか．実は筆者は，詐欺師そのものではないが，それに近い人生をおくってきたある男を見たことがある．その物腰，言葉，雰囲気は，紛れもなく善人のそれであった．その男が実際にやってきたことを知らなかったならば，筆者はその男を善人であると判断したであろう．つまり筆者にとっては，直「感」は用心なのである．一方，直「観」だが，平面や立体の初等幾何学のような基本的な数学を学ぶことによって養われる，「個」に宿る洞察力であるとしてよいのではなかろうか．

23　個人的確率の定義とその前提

「信念の程度」を「個」の「えらび」の様式によって，なんとかとらえることとする．「白」および「茶」の二つの卵の間での二者択一に「個」が直面しており，選んだ卵が「くえる」場合には100円の賞がもらえ，他の場合は0円とする．もし「茶」を選ぶのならば，「くえる」ことに関して，「白」よりも「茶」が(その「個」にとっては)「よりたしからしい」と表現しても不当ではあるまい．だが，無差別性の問題がある．そこで，問題の「えらび」の様式を，「個」にとっては，「くえる」ことに関して，「「茶」よりも「白」が，よりたしからしいにはあらず」と表現しておき，「「「白」よりも「茶」が，よりたしからしいにはあらず」にはあらず」を，「「白」よりも「茶」が，よりたしからしい」と表現する．ここでの「よりたしからしい」は，否定「にはあらず」を使って，いわば間接的に導入されたものであり，このままではpositiveなものではない．

ところで，賞金の額が正であれば，「えらび」の様式は変化しないであろうか．100円が93円となってもおそらくは変化はしないであろう．だが始めが1円で，それが70円に増加した場合はどうか．1円の場合には真剣に取り組まなかった「個」が，自身の「えらび」を変化させることは当然起こり得る．だが，ここでの規範的「個」は，「すじ」を通すタイプであり，「正」であれば，それが微少ではあっても真剣に取り組むのである．

そこで「個」は，次の「個人的確率の前提」を，自身に課すこととなる．

c，c'，d，d'を結果とし，B，Cを事象とする．$\mathbf{f}\langle X\rangle$を，$X$上で$c$，$\sim X$上で$c'$をとる行為とし，$\mathbf{g}\langle Y\rangle$を，$Y$上で$d$，$\sim Y$上で$d'$をとる行為とする．$c' < c$，$d' < d$とすると，$\mathbf{f}\langle B\rangle \leq \mathbf{f}\langle C\rangle$ならば$\mathbf{g}\langle B\rangle \leq \mathbf{g}\langle C\rangle$.

さらに「個人的確率，personal probability」を，次で定義する．

$B \leq C$ とは，ある結果 c，d が存在して $d < c$ を満たし，B 上で c，$\sim B$ 上で d をとる行為 $\mathbf{f}$ と C 上で c，$\sim C$ 上で d をとる行為 $\mathbf{g}$ とに対して，$\mathbf{f} \leq \mathbf{g}$ となることである．

価値判断の先行と個人的確率の前提とにより，この定義は成立する．$B \leq C$ のよみは「B は C よりもたしからしい，にはあらず」であり，略式に，「B は C 以下」などとする．$B < C$ とは $\neg C \leq B$ のことであり，「B よりも C はたしからしい」などとよむ．この $<$ は，「否定，$\neg$」によって導入されており，そのままでは positive な意味を持たない．また価値判断の先行により，(あたり賞，はずれ賞)が，その「個」にとっては「存在」する．

B および C が本当に無差別ならば，すなわち $B \leq C \wedge C \leq B$ ならば，$B = \cdot\, C$ と表記する．$= \cdot$ は事象間の同値関係である．

24　個人的確率の性質

「個」は，現段階では，分裂排除の原則から個人的確率の前提までを荷っているが，特に結果間選好の前提を利用することにより，事象Bに対して，「Bは実際上不可能である」と「$B = \cdot \emptyset$」とは同値であることが従う．さらに，B，C，Dを事象とすると，次の(1)(2)(3)(4)が従う．

(1)$B \leq C \vee C \leq B$.

(2)$B \leq C \wedge C \leq B \Rightarrow B \leq D$.

(3)(これは consolation prize の原則)$B \cap D = C \cap D = \emptyset$ とすると，

$$B \leq C \Leftrightarrow B \cup D \leq C \cup D.$$

(4)Bがいかなる事象であれ $\emptyset \leq B$，かつ $\emptyset < \mathbf{S}$.

この $\leq$ については，例えば，$B \leq B'$ かつ $C \leq C'$ で，$B' \cap C' = \emptyset$ ならば，$B \cup C \leq B' \cup C'$などが，成立する．

25　「潜在的な定量化」と量化原理

個人的確率をいかにして量化するかが問題となる．その際用心すべきなのは，「潜在的な定量化」仮説ともいうべきものの混入である．例えば，見かけ上は歪んでいない，しかしながらなぜか裏表の区別がつく一枚のコインを想定して，これを n(正の整数)回投げ上げるという想像上の実験を想定してみよう．ここで，全てで 2^n 個ある長さ n の可能な結果の列は，「無差別」であると仮定したとしよう．この仮定は，世界に対する，2^n 個の項から成る分割を想定して，しかもこれらの項は皆無差別であるとするものである．だがこのような「一様な分割」の存在を仮定することは，各項の「確率」が $1/2^n$ である長さ 2^n の分割を想定することと実質的に同一ではなかろうか．「確率」の量化の問題を真剣に問うのならば，このような「潜在的な定量化」の導入は，実質的に悪循環であろう．

そこでここでは，この困難を避けるために，次の「量化原理」を導入する．

B および C を事象とし，$B < C$ とする．すると $\mathbf{S}$ に対するある分割が存在して，その任意の項 D に対して，$B \cup D < C$.

すると，個人的確率 $\leq$ は量化できる．すなわち，ある定量的確率 P が一意的に存在して，任意の事象 B，C に対して，$B \leq C \Leftrightarrow P(B) \leq P(C)$．ここで定量的確率とは，各事象 B に対して実数値 $P(B)$ を対応させる関数で，次の(1)(2)(3)を満たすものである．

(1)任意の事象 B に対して $P(B) \geq 0$.

(2)$B \cap C = \emptyset \Rightarrow P(B \cup C) = P(B) + P(C)$.

(3)$P(\mathbf{S}) = 1$.

ここで(2)は，確率の加法法則(addition rule)に他ならない．

この一意的に定まる P は，(定量的に)精密である．すなわち，

任意の事象 B と 0 以上 1 以下の任意の実数 ρ に対して，B の部分集合である，ある C が存在して，$P(C)=\rho P(B)$.

26 定性的確率，等分割補題，従属選択の原理

事象間の二項関係 $\leq$ で，上の第24節での（1）（2）（3）（4）を満たすものを，一般に定性的確率と呼ぶ．また，定量的確率 P が $\leq$ に一致するとは，任意の事象 B，C に対して，$B \leq C \Leftrightarrow P(B) \leq P(C)$，となることである．

量化原理を満たす定性的確率は，次の「等分割補題」を満たす．

B を任意の事象とすると，B に対するある分割 (C, D) が存在して，$C = \cdot D$.

この等分割補題と次の従属選択の原理とを利用すると，$\leq$ に一致する P が一意的に存在して，しかもその P は精密であることが示せる．

$$\forall x \in A\ \exists y \in A\ R(x, y) \rightarrow \forall z \in A\ \exists f: \\ \boldsymbol{\omega} \rightarrow A(f(0) = z \wedge \forall n \in \boldsymbol{\omega} R(f(n), f(n+1))).$$

ここで R は A 上の二項関係であり，$\exists f: \boldsymbol{\omega} \rightarrow A$ のよみは「$\boldsymbol{\omega}$ から A へのある写像 f が存在して」である．A が空の場合，この式は tautology（恒真）となる．

27　条件つき確率

$B \leq C$ given D をいかにして定義すればよいであろうか．$B \leq C$ を試す行為 $\mathbf{f}\langle B\rangle$ および $\mathbf{f}\langle C\rangle$ が，$\mathbf{f}\langle B\rangle \leq \mathbf{f}\langle C\rangle$ given D を満たせば，$B \leq C$ given D としてよかろうか．だが，試す行為 $\mathbf{f}\langle\cdot\rangle$ の選び方によって，問題の条件つき選好が変化するかもしれない．しかし実は，分裂排除の原則から個人的確率の前提までを荷う「個」にとっては，$\mathbf{f}\langle B\rangle \leq \mathbf{f}\langle C\rangle$ given D は $B \cap D \leq C \cap D$ と同値になるのである．そこで，$B \leq C$ given D を $B \cap D \leq C \cap D$ によって「定義する」こととする．

個人的確率 $\leq$ がさらに量化原理を満たし，$\emptyset < D$ とすると，条件つき確率 $\leq$ given D は，量化原理を満たす定性的確率である．そこで，この条件つき確率と一致する定量的確率 $P(\cdot\,|D)$ が一意的に存在する．ここで $P(B|D) \leq P(C|D)$ と $P(B \cap D) \leq P(C \cap D)$ とは同値なので，一意性より，$P(B|D) = P(B \cap D)/P(D)$．すなわち，$P(D) \neq 0$ ならば，$P(\cdot|D) = P(\cdot \cap D)/P(D)$ となる．これは「条件つき確率の定義」として天下り式に導入されたりしているが，規範的に正当化される一つの恒等式である．

「条件つき確率の恒等式」より，$P(B \cap C) = P(B)P(C|B)$，$P(B) \neq 0$，が従うが，これは乗法法則である．一方，$P(C \cap B) = P(C)P(B|C)$，$P(C) \neq 0$，$B \cap C = C \cap B$，より，$P(B|C) = P(B)P(C|B)/P(C)$，$P(C) \neq 0$，となる．これは「ベイズ・ルール，Bayes' rule」に他ならない．なお乗法法則で，$P(B) = 0$ の場合には $P(C|B)$ を任意の実数 x に固定しておくとすれば，$0x = 0$ より，この法則は $0 = 0$ なる恒等式となる．一方，同じ規約の下で，「ベイズ」はやはり $0 = 0$ である．

$(B_i,\ i = 1, \cdots, n)$ を $\mathbf{S}$ に対する分割とすると，任意の事象 A に対して，

$$P(A) = \sum\nolimits_{i=1}^{n} P(A|B_i)P(B_i)$$

となる．これは全確率の法則(rule of total probability)と呼ばれることがある．なお分割公式(partition formula)という，より適切な呼称があるのだが，なぜかはやらない．

28　確率算の三法則の確認

これは，加法法則，乗法法則，ベイズ・ルールのことであるが，前節までの議論により，これらが規範的に正当化されたのである．特に，条件つき確率の「定義」が規範的に導き出されることは，実に驚くべきことである．確率を確率で割るという操作によって天下り式に「定義」を導入することは，学問上も教育上も，実によろしくない．この「定義」の合理的根拠を少なくとも一つは提示すべきである．

微分積分学においては(実数連続体としての)実数体の存在が前提とされるが，例えば，実数の分配法則などは，よく了解されているように，ぜひとも証明されねばならない．ところが確率算においては，問題の三法則を正式に証明する作業が，なぜか無視されているようである．実に嘆かわしいことであり，確率算の基礎を無視して「確率論」を議論する流儀は，もうやめるべきである．

29　無縁性への注意

$P(B|C)=P(B)$, $P(C)\neq 0$, の場合，B は C と無縁であると表現しても不当ではないであろう．そこで，$P(C)=0$ の場合も含めて，$P(B\cap C)=P(B)P(C)$ となることを，B と C とは無縁であると表現してもよかろう．これは確率論での「独立性」と一致する．だが，「たしからしさ」への量的規定 P を持ち出さずに，事象間の無縁性を規定できるであろうか．

「「自身の現実」に関わるすべての事象は連関している」との信条を持つ「個」には，互いに無縁な事象などは存在しない．このような「個」を不合理として排除できるとは，少なくとも筆者には思われない．つまり事象間の $\leq$ によって，「無縁性」を規定することは，多分困難である．

一方 P は，「個」の「経験」によって常に条件づけされているので，すでに条件つき確率なのだが，事象 Θ によって「陽に」条件づけをする場合，$P(B\cap C|\Theta)=P(B|\Theta)P(C|\Theta)$ であることを，「Θ が与えられている場合，B と C とは無縁である」としてよかろう．特定の事象によって「陽に」条件づけされる状況で，「無縁性」を持ち出すことは，別に不自然ではなかろう．これはつまり実用性との妥協である．

30 Formalism への用心

ここであえて微妙な論点に言及する．$\in$ の世界から見る限り，特定のパターンを示す二項関係を「確率」と呼び，この「確率」に対する量的規定 P の一意的存在を導いたのであった．しかしこのことから，「確率」とは「「えらび」の特定のパターンである」という断定は従わない．「確率」とは，あくまでも「個」が保持する「信念の程度」であって，$\in$ に基づく規定は，数学的議論を展開するための「便宜上の」ものである．Formalism では，通常は，即物的に存在を規定するが，少なくとも「確率」を理解する際には，即物的規定と本来の規定とのギャップを了解しないことは「危険」である．

(多分フランス出身の)確率論研究者で，自身にとっての「たしからしさ」とは何かを多分了解していないにも関わらず，それなりの業績をあげている例を，筆者は見つけたことがある．この手の現象を formalism の長所と見なすべきなのか否か，どうも判断に迷う．だが，「確率」の本質を回避して，「確率」とは面積や体積のようなものなのだと思い込むことで一生を終えることが，はたして研究者としての「しあわせ」に通じるのであろうか．

なるほど Kolmogorov system は数学を rich(豊饒)にした．だがそれは，「確率の本質」に関わる議論を迂回した末での「栄光」であることを，我々は失念してはなるまい．

31　同値原理

$(A,\ D)$ を $\mathbf{S}$ に対する分割とする．n を正の整数とする．$(B_i,\ i=1,\cdots,n)$ および $(C_i,\ i=1,\cdots,n)$ を A に対する分割とする．また，$(c_i,\ i=1,\cdots,n)$ を結果の列とする．$\mathbf{f}$ および $\mathbf{g}$ を行為とし，両者は D 上で一致し，$\mathbf{f}$ は各 B_i で値 c_i を，$\mathbf{g}$ は各 C_i で値 c_i をとるとする．この場合各 i に対して $P(B_i)=P(C_i)$ ならば，$\mathbf{f}=\cdot\mathbf{g}$．これを同値原理と呼ぶ．これは大体の所，「共通の prizes をもつ二つの「くじ」が，各 prize に同じ「確率」を配分するのならば，それらは無差別である」という主張だが，第11節で注意したように，「事象」の内訳は少しも自明ではない．

なお，P が精密であることを使えば，$(\rho_i,\ i=1,\cdots,n)$ を非負の実数の列とし，これらの実数の総和が $P(A)$ に等しいとすると，$\rho_i=P(B_i)\ \forall i$ を満たすように，A の分割 $(B_i,\ i=1,\cdots,n)$ をとることができる．

同値原理が「公理」ではなく，「命題」として規範的に示されることは注目に値する．

32 行為類

n を正の整数とし，$(\rho_i,\ i=1,\cdots,n)$ を，$\sum_{i=1}^{n}\rho_i=1$ を満たす非負の実数の列とする(このような非負実数列を，以下では便宜上「分割的」と形容する)．一方，$(c_i,\ i=1,\cdots,n)$ を結果の列とする．この場合，**S** に対するある分割 $(B_i,\ i=1,\cdots,n)$ と，ある行為 **f** とが存在して，各 i に対して，B_i 上で **f** は値 c_i をとり，かつ $P(B_i)=\rho_i$ が従う．分割のとり方は一意とは限らないが，問題の分割的実数列と結果の列とが固定されていれば，問題の **f** たちは，同値原理によりみな同値となる．そこで，このような行為の全体を $\sum_{i=1}^{n}\rho_i c_i$ と表記して行為類と呼ぶこととする．ρ 列および c 列が与えられていれば，行為類は一意的に定まり，空ではない．ただし，ρ 列は任意有限個の 0 を含み得るし，c 列は等しい項をいくつか含み得る．なお，例えば $(\alpha,\ \beta,\ \gamma)$ を分割的とすると，問題の行為類は，Σ を使わずに，$\alpha c_1+\beta c_2+\gamma c_3$ などと表記されたりもする．また行為類は，bold and italic で，$\boldsymbol{f}$，$\boldsymbol{g}$，$\boldsymbol{h}$ などとも表記される．

行為類たちは自然に「混合」できる．つまり，$(\rho_i,\ i=1,\cdots,I)$ を分割的として，$\boldsymbol{f}_i=\sum_{j=1}^{J_i}\rho_{ij}c_{ij}, i=1,\cdots,I$ とすると，$\sum\rho_i\boldsymbol{f}_i$ とは，$\sum\rho_i\rho_{ij}c_{ij}$ のことである．

行為類間には自然に選好がはいる．つまり，$\boldsymbol{f}\leq\boldsymbol{g}$ とは，「$\boldsymbol{f}$ に属する任意の **f** と $\boldsymbol{g}$ に属する任意の **g** とに対して，**f**≤**g**」である．これは，「$\boldsymbol{f}$ に属するある **f** と $\boldsymbol{g}$ に属するある **g** とに対して，**f**≤**g**」としても，同値原理(および P の精密性)により同値である．

33 行為の量化原理

f および **g** を行為とし c を任意の結果とする．**f** < **g** とすると，**S** に対するある分割が存在して，その任意の項 D に対して，**f** および **g** を D 上で値 c に変形したものを，各 **f′** および **g′** とすると，**f** < **g′** かつ **f′** < **g**.

この「行為の量化原理」は「量化原理」の一般化であり，「個」は黙然とこれを荷うのである．

34　不変性，単調性，評価の原理

行為の量化原理を利用すると，次の「不変性」が従う．

$\boldsymbol{f}$，$\boldsymbol{g}$，$\boldsymbol{h}$ を行為類とし，ρ を 1 以下の任意の正の実数とする．この場合，$\boldsymbol{f} \leq \boldsymbol{g}$ と $\rho\boldsymbol{f} + (1-\rho)\boldsymbol{h} \leq \rho\boldsymbol{g} + (1-\rho)\boldsymbol{h}$ とは同値．

この不変性より，次の「単調性」が従う．

$\boldsymbol{f}$ および $\boldsymbol{g}$ を行為類とし，ρ および σ を 0 以上 1 以下の任意の実数とする．この場合，$\boldsymbol{f} < \boldsymbol{g}$ ならば，$\rho < \sigma$ と $\sigma\boldsymbol{f} + (1-\sigma)\boldsymbol{g} < \rho\boldsymbol{f} + (1-\rho)\boldsymbol{g}$ とは同値．

行為の量化原理と単調性とを利用して，次の「評価の原理」を得る．

$\mathbf{f}$ を行為とし，$\boldsymbol{g}$ および $\boldsymbol{h}$ を，$\boldsymbol{g} < \boldsymbol{h}$ かつ $\boldsymbol{g} \leq \mathbf{f} \leq \boldsymbol{h}$ を満たす任意の行為類とする．この場合，0 以上 1 以下のある実数 ρ が一意的に存在して，$\mathbf{f} = \cdot (1-\rho)\boldsymbol{g} + \rho\boldsymbol{h}$.

評価の原理は「公理」ではなく，規範的に正当化される「帰結」である．

35 効用の定義

値としてとり得る結果の全体が有限集合である行為を初等的行為と呼ぶ．また，一般の行為 $\mathbf{f}$ に対して，

$$Csq(\mathbf{f}) = \{c \in Csq \mid \exists\, s \in \mathbf{S}(c = \mathbf{f}(s))\}$$

と置く．$\mathbf{f}$ を初等的として，U を Csq を定義域とする，実数値をとる関数とすると，この場合，

$$\langle U, \mathbf{f} \rangle = \sum\nolimits_{c \in Csq(\mathbf{f})} U(c) P(\{\mathbf{f} = c\}),$$

と置く．ただしここで，一般の c に対して，$\{\mathbf{f} = c\} = \{s \in \mathbf{S} | \mathbf{f}(s) = c\}$ であり，$P(\{\mathbf{f} = c\})$ は，しばしば $P(\mathbf{f} = c)$ と略記される．

U が，初等的行為間の選好に対する「効用，utility」であるとは，それが各結果に実数を対応させる関数であって，任意の初等的行為 $\mathbf{g}$ および $\mathbf{h}$ に対して，

$$\mathbf{g} \le \mathbf{h} \Leftrightarrow \langle U, \mathbf{g} \rangle \le \langle U, \mathbf{h} \rangle,$$

となることである．

分裂排除の原則から行為の量化原理までを前提とすれば，効用は存在する．しかもそれは，自明な多様性を無視すれば，一意に定まる．この「自明な多様性」とは，U を効用とすると，任意の正の実数 a に対して aU は効用であり，任意の実数 b に対して $U + b$ は効用であることへの，言及である．一方「一意」とは，U および V を任意の効用とすると，ある正の実数 a とある実数 b とが存在して，$U = aV + b$，つまり $U(c) = aV(c) + b \,\forall c$，となることへの言及である．なお，この $(a,\ b)$ は $(U,\ V)$ に対して一意的に定まる．

この効用の存在は，次節で言及する汎効用の存在より従う．

36　汎効用

各行為類 $\boldsymbol{f}$ に対して実数 $\mathbf{V}(\boldsymbol{f})$ を対応させる関数 $\mathbf{V}$ が，汎(はん)効用であるとは，次の(1)(2)を満たすことである．

(1)任意の行為類 $\boldsymbol{g}$ および $\boldsymbol{h}$ に対して，$\boldsymbol{g} \leq \boldsymbol{h} \Leftrightarrow \mathbf{V}(\boldsymbol{g}) \leq \mathbf{V}(\boldsymbol{h})$.

(2)任意の行為類 $\boldsymbol{g}$ および $\boldsymbol{h}$ と，$\alpha + \beta = 1$ を満たす任意の非負の実数 α および β とに対して，

$$\mathbf{V}(\alpha\boldsymbol{g} + \beta\boldsymbol{h}) = \alpha\mathbf{V}(\boldsymbol{g}) + \beta\mathbf{V}(\boldsymbol{h}).$$

分裂排除の原則から行為の量化原理までを前提とすれば，この汎効用の存在が従う．この汎効用とは，von Neumann-Morgenstern utility 以外の何物でもない．汎効用の存在から，ほとんど自動的に，効用の存在が従う．

37　数学的期待値と St. Petersburg paradox

各「結果」がマネー(例えば円)で表現される場合,「結果」に対応する「確率」を考慮した上で,(得られるであろうマネーの)期待金額(慣例上数学的期待値と呼ばれる)を,問題としている「くじ」の「価値」を表す指標として採用する流儀が当然考えられる.この場合問題の「個」は,期待金額の最大化をめざすこととなる.この「原理」,つまり「数学的期待値の最大化原理」は,はたして合理的であろうか.

マネーそのものを価値尺度と見るのならば,これは,いかなる有限の限界をも越えて増大し得る価値尺度である.一方,少なくとも見掛け上は歪んでいない一枚のコインを想定して,このコインを投げ上げ続けるという試行を考える.n を正の整数として,n 回目で「はじめて」表が出るのならば,「賞」として 2^n 円のみが手に入り,そこで「くじ」は終了するとする.この「くじ」を $l(*)$ として,その数学的期待値を考えてみよう.$l(*)$ を変形して,n 回目以上の回で表が出る場合に 2^n 円のみが入手できる「くじ」$l(n)$ を考えると,商量の原理により,$l(*)$ は $l(n)$ より「有利」である.一方,$l(n)$ の数学的期待値は n より大である.n は任意にとれるから,$l(*)$ は,任意の額 n 円よりも有利となり,「個」は,数学的期待値の最大化原理に忠実である限り,n よりも $l(*)$ を選ぶこととなる.これは,common sense に反している.つまり,「個」は,不合理な状況に陥っている自身を見出すこととなる.これが St. Petersburg paradox である.

読者に注意をうながしたいのだが,$l(*)$ の数学的期待値は ∞ だが,上の議論は,この ∞ には直接言及はしていない.問題の「不合理」は,「いかなる有限の限界をも越えて増大する価値尺度」に直接基づいて自身の「価値」を測定しようとする営みから,生じてくるのである.

我々が問題としている「個」は，「効用」を持つ．もしこの「効用」に St. Petersburg paradox をもたらす余地があれば，我々の規範系は「修正」をせまられるであろう．

38　正則性の要請

「個」に対する末尾の maxim として，次の「正則性の要請」(１)(２)を導入する．なお，B は事象であり $\mathbf{f}$ および $\mathbf{g}$ は行為である．

(１) $\mathbf{f} \leq \langle \mathbf{g}(s) \rangle$ given B　$\forall s \in B \Rightarrow \mathbf{f} \leq \mathbf{g}$ given B.
(２) $\langle \mathbf{f}(s) \rangle \leq \mathbf{g}$ given B　$\forall s \in B \Rightarrow \mathbf{f} \leq \mathbf{g}$ given B.

B を事象とし $\mathbf{f}$ を行為とする．「$\mathbf{f}$ は B 上で上に正則である」とは，「ある結果 c が存在して $\mathbf{f} \leq \langle c \rangle$ given B」なることである．この否定は「上に非正則」と表現する．つまり，「任意の結果 c に対して $\langle c \rangle < \mathbf{f}$ given B」である．双対的に「下に」の方も定義できる．「正則性の要請」に注意すると，「$\mathbf{f}$ および $\mathbf{g}$ が B 上で共に上に非正則ならば $\mathbf{f} = \cdot\, \mathbf{g}$ given B」が従う．

事象 B，行為 $\mathbf{f}$，結果 c に対して，$B(c) = \{s \in B | \mathbf{f}(s) \leq c\}$ と置くと，次の(*)が従う．

(*)「ある結果 c に対して $P(B(c)) \neq 0$ ならば，$\mathbf{f}$ は上に正則である．逆に，$P(B) \neq 0$ で $\mathbf{f}$ が上に正則ならば，ある結果 c が存在して $P(B(c)) \neq 0$.」

双対的に考えると，この(*)の「下に」版も成立する．

39　St. Petersburg paradox の消去

「個」が量化原理までを荷う場合，P は精密であるので，$\mathbf{S}=\cup\{B(n)|n\in\mathbf{N}\}$，異なる任意の i および j に対して，$B(i)\cap B(j)=\emptyset$，$P(B(n))=1/2^n\forall n\in\mathbf{N}$ を満たす事象列$(B(n),\ n\in\mathbf{N})$が存在する．さらに，行為の量化原理を追加すると，「個」は効用 U を持つ．

かりに，この効用が「上に有界」ではないとすると，従属選択の原理を使って，次の(1)(2)を満たす結果の列$(c(n),\ n\in\mathbf{N})$をとれる．

(1)$c(n)<c(n+1)\forall n\in\mathbf{N}.$

(2)$2^n\leq U(c(n))\forall n\in\mathbf{N}.$

各 n に対して $B(n)$ 上で値 $c(n)$ をとる行為を，$\mathbf{f}\langle *\rangle$ とする．ここで「個」が，「正則性の要請」を採用するのならば，「任意の結果 c に対して $\langle c\rangle<\mathbf{f}\langle *\rangle$」が従う．つまり，$\mathbf{f}\langle *\rangle$ は「上に非正則」．ところが上の第 38 節の命題(*)より，$\mathbf{f}\langle *\rangle$は $\mathbf{S}$ 上で正則．これは矛盾である．つまり「個」が，「正則性の要請」までを自身に課すのならば，彼の効用は上に有界でなければならない．双対的に考えれば，「下に」有界も従う．すなわち，「個」の効用は有界である．なお，$\mathbf{f}\langle *\rangle$ の期待効用は ∞ だが，この ∞ に直接言及することなしに「矛盾」が従うことを，ぜひとも読者は確認していただきたい．

効用は有界なので，少なくともこの「個」には，St. Petersburg paradox は生じない．

40　期待効用の拡張とその最大化

「正則性の要請」までを自身に課す「個」にとっては，次が従う．

U を効用とする．任意の行為 **f** および **g** に対して，$\mathbf{f} \leq \mathbf{g}$ と $\mathbf{E}(U \circ \mathbf{f}) \leq \mathbf{E}(U \circ \mathbf{g})$ とは同値である．

ここで期待値作用素 **E** は，Lebesgue 式の近似和を用いて定義される．

つまり問題の「個」は，期待効用がより大である行為を選択することとなる．これは，期待効用最大化の原理に他ならない．

41　条件つき期待効用

ところで，$\mathbf{f} \leq \mathbf{g}$ given B と $\mathbf{E}(U \circ \mathbf{f}, B) \leq \mathbf{E}(U \circ \mathbf{g}, B)$ とは同値である．ここで慣例通り，$\mathbf{E}(X, B) = \int_B X dP = \int I_B X dP$ である(これは，X の B 上での半期待値(partial expectation)とでも呼べばよいのではなかろうか)．特に，$P(B) \neq 0$ ならば，$\mathbf{f} \leq \mathbf{g}$ given B は $\mathbf{E}(U \circ \mathbf{f} | B) \leq \mathbf{E}(U \circ \mathbf{g} | B)$ と同値となり，条件つき選好は条件つき期待値で見積られることとなる．ここでも当然，期待効用最大化の原理が貫かれる．

第 2 章

補遺—文献など—

1　緑本(みどりぼん)

冒頭から恐縮なのだがこれは次である.

園 信太郎,『確率概念の近傍―ベイズ統計学の基礎をなす確率概念―』, 内田老鶴圃, 東京, 2014 年 5 月 15 日.

カヴァーが緑なので「みどりぼん」と呼ぶ. 特に若い学徒に一瞥してもらいたい. 筆者は, 経済系の学徒に統計学の基本を講義しているのだが, 肝腎の「確率算の基礎」を真剣に議論している書物が見当たらなかったので, いわば必要性に迫られて執筆したのである. Kolmogorov system を前提とした「確率論」の書物は極めて多くあるが, その前提の確率算を真剣に議論した数学書がなかったのである. 例えば, 乗法法則, 加法法則, Bayes' rule といった確率算の三法則を, 明晰な推論と平明な前提とによって導くことは, 数学的精神を尊重する限り必須なはずである. また, 条件つき確率の「定義」の合理的根拠も, 少なくとも一つは示すべきである. 微分積分学の基礎である(連続体としての)実数体の諸演算に関する, 例えば分配法則などの諸法則は, 当然証明されるべきであると, 多くの数学者が認めているにも関わらず,「確率」の基本的諸法則を証明しようとしないのは, 学問上も教育上も極めて問題である. さらに,「個」にとっての「たしからしさ」が,「確率」として量的に把握される過程は, 決して自明ではない.

「ふたしか」に直面している「個」が, 自身の信念としての「たしからしさ」を見積り, 問題の局面を切り抜けるという設定は, 尋常ではない. とにかく人は, そのままでは「確率」しないのである.「確率」教育は極めて重要である.

緑本では, 若き日の Bruno de Finetti の流儀を採用して, 確率算を基礎づけることとした. この流儀は, Leonard Jimmie Savage が一貫して高く評価しているやりかたであり, 議論の要は Dutch book 排除の原則である. どうか緑本を一瞥して，規範的接近の原型を評価してもらいたい．なお，筆者が規範的接近にこだわる理由だが，学問的理由以外にも個人的な状況がある．筆者は，思い込み，勘違い，計算上の錯誤を，犯しやすいタイプなのである．そこで，「検算」としての規範的接近を重視せざるを得ないのである．

ところで緑本の付録Bでは，サヴェジ・システムにおける期待値作用素**E**を基礎づけた．また，付録Cではいくつかの文献にふれた．

また，筆者のおかしたミスタイプがある．それは，15頁の上から三番目の式の，これは不等式だが，その左辺の分子のxおよびλを入れ換えること．また，46頁の下から五行目の末尾のBを，～Bとすることである．これは補集合を示す～が脱落したのである．

なお付録Aは，サヴェジ・システムの簡略なまとめである．

なおde FinettiやSavageの議論は，「確率の解釈」を問題としているとされがちだが，これは誤解を招きやすい．彼らは正に，「確率の定義」を問題としているのである．統計学の基礎を真剣に問う限り，「定義」の問題は不可避である．

2　サヴェジ基礎論

これは次である.

Savage, Leonard Jimmie, *The Foundations of Statistics, Second Revised Edition*, Dover, New York, 1972. 第一版は，1954 年に，John Wiley & Sons, New York, より出ている.

第二版を勧める．序文および第 1 章から第 6 章までをぜひとも読みとってもらいたい．今日では，Bayesian Statistics の基礎づけをなした冊子として言及されることがある．しかし内容は，統計的決定理論の公理化であり，副産物として，期待効用最大化の原理が従う.

第一公準 **P1** は，分裂排除の原則と循環排除の原則とを合わせたものであり，選好を表す擬順序が，比較可能性および推移性を満たすことの要請である．第二公準 **P2** は，条件つき選好の前提である．第三公準 **P3** は，結果間選好の前提である．第四公準 **P4** は，個人的確率の前提である．第五公準 **P5** は，価値判断の先行である．**P6′** は量化原理であり，**P6** は行為の量化原理である．**P7** は「正則性の要請」である.

なお，統計学の基礎をなす「確率の定義」を問う際，この「基礎論」の第 4 章は必読である．また，Fishburn, Peter C., *Utility Theory for Decision Making*, Wiley, New York, 1970，の末尾の第 14 章は，「基礎論」の議論の (Fishburn 式の) 数学的要約となっている．ただし，この Fishburn 式要約から「基礎論」の規範的性格を深く知ることは，多分困難である.

また，次の論文集がある.

The Writings of Leonard Jimmie Savage—A Memorial Selection—, The American Statistical Association, Washington, D. C., 1981.

これは，サヴェジ氏の「深さ」を知る際には必読である.

ところでサヴェジ氏は，この冊子で筆者が「こころざし」としてとらえた「大きな決定，grand decision」を，von Neumann-Morgenstern 式の戦略概念としてとらえようとして，結局挫折している．彼自身が認めているように，「大きな決定」を数学的諸形式によってとらえようとすることは，現段階では極めて困難である．だが，今後の人生全般にわたる決定を「こころざし」としてとらえることは，決して不自然ではない．サヴェジ氏の枠組みは，彼が思っているよりも意外と実用的である．

なお類間選好の不変性だが，「基礎論」の略証を見ればわかるように，数学的帰納法，P が精密であることと，そして実数の連続性に基づいている．さらに，評価の原理は，単調性および実数の連続性に基づいている．だがここで，「個」が，Dedekind cut principle で統制される実数の連続性を「しらない」とすると，どうなるであろうか．じつは，事象の全体を無差別性 ＝・で割って得られる商空間を考えると，この同値類の全体は，実数連続体の役割をはたし，実際，量化原理により Dedekind cut principle が従う．つまり，「しらなくとも，比較はできる」のである．

さらに「個」は，自身の効用関数や定量的確率 P をしらなくとも，サヴェジ氏の公準系に忠実であるのならば，「おのずと」自身の期待効用を最大化する．つまりその「個」は，サヴェジ氏の期待値作用素 **E** をしらなくとも，最大化を「おのずと」なす．

ところでサヴェジ氏は，自身の「結果」が純粋経験であることが気に入らなかったようだが，筆者はむしろ，この点を重く評価したい．決定の問題を深く思索するのならば，窮極的「むくい」としての純粋経験は不可避ではなかろうか．

(なおサヴェジ氏は，行為類を gamble，汎効用を hyper-utility と呼んでいる．)

3　ある効用関数

これは次である．

Pratt, John Winsor, “Risk aversion in the small and in the large,” *Econometrica*, Vol. 32, No. 1-2, 122-136, January-April, 1964.

この力作をサヴェジ氏は，A valuable contribution to the theory of utility. と高く評価している．だが，この力作には数式上の過誤があり，ぜひとも，*Econometrica*, Vol. 44, No. 2, 420, March, 1976，にある ERRATUM を参照すべきである．この過誤の発見者は，多分 John V. Lintner, Jr. である．

Pratt が導出しているマネーの効用関数は有界であるので，St. Petersburg paradox を含意しない．一方，サヴェジ氏は，この関数を，perfect miser の効用関数と呼んでいる．

4　なぜ決定にこだわるのか

データに語らせればよいのであって，決定にこだわる必要はないという批判が，当然起こり得る．だが，良質のデータが堆積しているにも関わらず，大きな錯誤に陥ることがある．例えば，「進化の事実」の発見は一個の決断であろう．物理に造詣のある読者ならば，光の真空中の速度，エーテル，特殊相対論，といった事柄に言及するかもしれないが，筆者には難しい．

重い職分についている者が，重要な統計を無視して，また，その統計の重要さを指摘する実直な統計家の見解をも無視して，大きな災いへとつながる決定を下すことも，当然起こり得る．統計的決定とは一大事なのである．

なおサヴェジ氏のシステムからすると，Abraham Wald の枠組みは倒壊する．「個」が異なれば，確率のみでなく効用も異なり得る．したがって，損失関数は異なって当然であり，Wald の枠組みは通用しない．また，自乗損失が多用されるが，これは定義域が非有界である限り非有界であり，したがって，St. Petersburg paradox を含意する．つまり，自乗損失に執着しすぎると，common sense に反する結果に出くわすおそれがある．

5　未知固定状態

経済および統計といった領域は,「人の尺度」に関わるのであり，common senseが重要な役割を演じる．そこでは，未知かつ固定されている「真の」状態という言い回しが，有効に機能する．だが，確率の主観主義に忠実であるのならば,「個」から分離された客体としての「確率」は，容認されない．つまり，主観主義からすれば,「絶対」確率は存在しない．

一方,「この世界」の「真の」状態を考えることは，別に不思議ではない．だが，サヴェジ氏の七つの公準を満たすが,「真の」状態という言い回しが機能しない例を，比較的容易に提示できる．これは，緑本の付録Bで言及しているBanach limitおよび「世界」**N**を使えばよい．これには「正則性の要請」，つまり**P7**がからむ．つまり，$\mathbf{f}(n)<1\ \forall n\in\mathbf{N}$かつ$\mathbf{f}=\cdot\langle 1\rangle$となる例が提示できるのである．このこと自体は「正則性の要請」に抵触しないが,「真の」状態という言い回しとは両立しない．

なお，未知固定確率については，緑本の第5章を一瞥していただきたい．

6　∅の「よみ」について

これについては次である．

竹之内 脩，『集合・位相』，数学講座 11，筑摩書房，東京，1970 年 2 月 10 日．

この 13 頁に，∅ は，スカンジナビア語の母音「ウー」であるとの説がある．筆者は，ことの真偽は別として，「よみ」を「ウー」とすることを支持したい．空集合は基本概念であり，やはりその「よみ」は，あったほうがよかろう．

7　その他

以下は参考にした拙論の一部であり，皆単著である．

「サヴェジ基礎論における「結果」の概念」，経済学研究（北海道大学），第59巻第2号，19-21，2009年9月．

「いわゆる実現値について」，経済学研究（北海道大学），第61巻第3号，1-2，2011年12月．

「なぜサヴェジ氏か？」，経済学研究（北海道大学），第61巻第4号，1-3，2012年3月．

「サヴェジ氏の剃刀」，経済学研究（北海道大学），第62巻第3号，173-175，2013年2月．

「確率模型とサヴェジ氏の態度」，経済学研究（北海道大学），第63巻第1号，1-3，2013年6月．

「いわゆる模型が主観的であることの確認」，経済学研究（北海道大学），第64巻第1号，1-2，2014年6月．

「サヴェジ基礎論における規範的接近」，経済学研究（北海道大学），第65巻第1号，1-6，2015年6月．

「『第4版』へのある苦言」，経済学研究（北海道大学），第65巻第2号，1-2，2015年12月．

なお，次の二冊を一瞥していただければ幸いである．

園 信太郎，『サヴェジ基礎論覚書』，岩波出版サービスセンター，東京，2001年12月20日．

園 信太郎,『サヴェジ氏の思索』, 岩波出版サービスセンター, 東京, 2007 年, 8 月 31 日.

索　引

著者略歴
園 信太郎（その しんたろう）
1956 年　東京に生まれる
1975 年　神奈川県立湘南高校卒業
1979 年　東京大学理学部数学科卒業
1984 年　北海道大学経済学部 助教授
現　在　北海道大学大学院経済学研究院 教授
　　　　理学博士（東京大学）

2017 年 5 月 10 日 第 1 版発行

著者の了解により検印を省略いたします

サヴェジ・システム試論
統計的決定理論の公理化と期待効用の最大化

著　　者 ©園　信太郎
発 行 者　内田　学
印 刷 者　山岡景仁

発行所　株式会社　**内田老《ろう》鶴《かく》圃《ほ》**　〒112-0012 東京都文京区大塚 3 丁目 34-3
電話（03）3945-6781（代）・FAX（03）3945-6782
http://www.rokakuho.co.jp/　印刷・製本/三美印刷 K. K.

Published by UCHIDA ROKAKUHO PUBLISHING CO., LTD.
3-34-3 Otsuka, Bunkyo-ku, Tokyo 112-0012, Japan
U. R. No. 635-1

ISBN 978-4-7536-0122-6 C3041

大浜炭鉱労働争議の記録

最高裁不当労働行為判決
第一号がでるまで

布引敏雄

解放出版社

はじめに

今世紀にはいって労働組合とか労働運動といったことは、人びとの脳裡から遠ざかろうとしているかに思える。労働組合や労働運動も、ある特定の時代にのみ存在を許される、いわゆる時代の産物なのかもしれない。二〇世紀は戦争の時代であったとよく評されるが、同時にまた労働組合の時代、労働運動の時代でもあった。

さて、本書は、一九四七（昭22）年後半から一九四九（昭24）年初めにかけて、約一年半にわたって闘われた大浜炭鉱の労働争議についての歴史叙述である。大浜炭鉱の所在は山口県小野田市（現在は山陽小野田市）。坑道は周防灘の海底深く伸びる、いわゆる海底炭鉱である。

大浜炭鉱労働争議は終戦直後の虚脱と、その後の混乱がまだ治まりきらないころの労働争議であり、労働運動青春期の清新さを見せる。また、経営側の傲慢さも露呈し、山猫スト、スト破り、第二組合の陰謀、ハンストなど争議につきものともいえる情景が展開する。これに占領軍軍政部という逆らえない存在が見え隠れするという戦後史の一典型である。

大浜炭鉱労働争議は地方労働委員会に提訴され、その結果として裁判に移行し、最終的には最高裁判所の判決によって決着する。いわゆる不当労働行為に関する最高裁判決の最初のものが、この大浜炭鉱労働争議に関して出されたものなのである。いわば大浜炭鉱労働争議は日本労働運動史上の記念碑的な闘争なのであった。

不当労働行為に関する最高裁判決第一号ということで、法曹学会では大浜炭鉱労働争議は注目されているが、他方、いわゆる歴史学会ではこの労働争議に関して論じたものは少ないようである。

管見でしかないが、大浜炭鉱労働争議に関して叙述した著作物は、西部石炭鉱業連盟編『十年誌』(一九五六年刊)、山口県労政課編『山口県労働運動史』(一九七四年刊)、小野田市『小野田市史』(一九八八年刊)、以上三書があるのみである。

本書において私は、この三書に学びつつ、史料としては主に県庁の公文書類に依拠した叙述を行った。具体的には県庁労政課「労働情報一件(その二)」、地方労働委員会「大浜炭鉱不公正労働行為事件」、同「昭和二十二年度労働争議調整事件」(三点ともに山口県文書館所蔵)、その他である。新聞については地元紙「防長新聞」と「宇部時報」を活用した。なお、出典の一々については注記していないので、根拠を確認したい諸賢は右記公文書、新聞などを参照していただきたい。

なお、本書に史料として引用する際に、原本において明瞭な誤字・脱字等がある場合には適宜訂正して引用した。ただ、時代の雰囲気を残すため、あて字については訂正しないでおいたものもある。段落の取り方や句読点の打ち方などについても、私の判断で適宜変更した箇所がある。また、難読と思われる漢字にも適宜ルビをいれた。

布引敏雄

二〇一六年一〇月

大浜炭鉱鉱員住宅（山陽小野田市歴史民俗資料館所蔵）
この写真は、大浜病院前広場から南方向を撮影したもの。写真中央左側、坂の向こう側の少し大きな建物が独身者寮（かつての捕虜収容所）。この写真の撮影時期は昭和30年前後か。

1945（昭和20）年12月に制定された労働組合法（旧法）では「不利益取扱」行為と表現されていたものが、1949年に同法が全面改正されると「不当労働行為」という用語に変わった。したがって旧法下の大浜炭鉱労働争議に関しては「不利益取扱」行為とよぶのが正しいかと考えるが、その後の時間の経過とともに「不当労働行為」という用語が一般化したので、本稿では「不当労働行為」という用語に統一した。

大浜炭鉱労働争議の記録—最高裁不当労働行為判決第一号がでるまで…目次

カバー写真　大浜炭鉱坑口（山陽小野田市歴史民俗資料館所蔵）。
本書の写真掲載については、山陽小野田市歴史民俗資料館および山口県文書館の許可を得ている。

I　労働争議の勃発

1　大浜炭鉱々員労働組合の結成

海底炭鉱

大浜炭鉱は山口県小野田市（本書における地方自治体名はすべて昭和二〇年代のもの）の南部、竜王山の西麓にあった海底炭鉱である。盛期には従業員約一〇〇〇人の中堅炭鉱で、海岸から緩やかな斜面を這い上がるようにたくさんの鉱員社宅がならんでいた。

大浜炭鉱は一九一九（大正8）年に大倉系資本が投入されて坑道掘削が計画されたが、第一次世界大戦終結後の財界不況により未着手のまま放置された。ところが年号が昭和と変わり、日本が軍事的に中国へ侵略を進めるようになると石炭需要が高まり、大浜炭鉱開発計画も見直され、一九三七（昭和12）年五月には地鎮祭、八月に起工、以後坑道掘削が開始された。

一九三九（昭和14）年三月には増資も行われて掘進は一層本格化し、同年四月には海底七五〇メートル先の地点で石炭層に到着した。「防長新聞」四月二六日号によると、「炭層六尺七寸余の優良炭」に着炭したので、地元では「湧き立つ歓喜に満ち」、四月二〇日に着炭祝賀会が開催された。

すでに竜王山南麓の本山岬一帯には宇部興産系の本山炭鉱が起業していたので、大浜炭鉱の起業にともないこの地は一気に人口が増え、鉄道（本山線）の敷設、道路の造成、小学校の建設など、発展の様相をみせた。

戦時中の大浜炭鉱

一九四〇（昭和15）年一一月三日の「防長新聞」は、「海底の宝庫開きて―異彩を放つ大浜炭鉱―明朗な蘆川《あしかわ》所長の統率」の見出しを掲げ、始発期の大浜炭鉱を紹介している。その経営については、「明朗な蘆川所長と敏腕なる藤田副所長の統制振りに従業員は全く信頼をよせ、福利増進と時局認識の徹底により労資一体、工場内の空気は誠に新体制下に誇るべき情態といへよう」と説明されている。「労資一体」とは労資協調を超えた概念であり、労働組合の結成を許さない全体主義的な労務管理のもとでの経営であって、戦争が深化するにつれてその濃度を増したことであろう。

その後、大浜炭鉱の経営は一九四二（昭和17）年ころには悪化した。その原因は大断層にぶつかったことと採炭技術の失敗によるものらしい。大浜炭鉱の坑道の前面に津布田断層とよばれる大断層が立ち塞がり、これを越えることが難しかった。

そこで招聘されたのが重盛五六《しげもりごろく》であった。彼は技術者として炭界では知られた人物であったようだ。重盛新所長の下で、新技術を取り入れ、かつ時勢にそった経営立て直しが行われ、大浜炭鉱は健全経営にもどることができた。この重盛の功績はその後も大浜炭鉱にあっては大きな信頼をもって語られることとなった。

ここで少しふれておきたいのは、朝鮮人徴用労働者と捕虜についてである。戦時中の大浜炭鉱では朝鮮人徴用労働者と連合軍捕虜が働かせられていた。朝鮮人徴用労働者は鉱員社宅の一角に住み、その人数は一九四三（昭和18）年には一一八人という記録があるから、一〇〇人以上はいたと思われる。

また、大浜には連合軍捕虜の収容所があった。捕虜は、イギリス兵、オーストラリア兵が主で、終戦時には三九〇人ほどいたという。地元民（大浜炭鉱の鉱員と家族）や収容所長楠本政夫中尉は親切だったらしく、「他の収容所に比べれば、大浜はかなりマシな収容所」と評されている（POW研究会・笹本妙子）。

捕虜たちは大浜炭鉱で使役された。その労働がどの程度の過酷さであったかわからないが、全体主義的に労資一体を強調した増産一直線の使役であったろうと推測される。それでも意外にも大浜炭鉱の捕虜収容所の評判が良いのは、重盛所長の人間性にどこか良いところがあったからであろうか。

大浜炭鉱桟橋（山陽小野田市歴史民俗資料館所蔵）

なお、朝鮮人労働者に食事を供する飯場は戦後も残っていたが、台風で倒壊した。捕虜収容所の建物も残っており、独身者寮として使用され、その一角には理髪店があったりした。

鉱員労働組合の結成

一九四五（昭和20）年八月一五日、敗戦。これ以後、戦後の大混乱時代が幕を開ける。労働界では労働組合の結成合法化を望む声が高まった。戦時中、労働組合は産業報国会と名を変えて実質的に解体されていたが、その復活を望む声が高まったのだ。

連合国軍総司令官マッカーサー元帥は、一〇月一一日、幣原喜重郎首相にあてて労働組合の結成を促進助長せよと指示した。この意向にそって、一九四五年一一月一五日、労働組合法（法律第五一号）が制定された。

さて、この労働組合法制定をはじめとして戦後の民主化政策の波にのり、全国各地で一斉に労働組合を結成する動きが起こり、山口県小野田市では一九四六（昭21）年一月二日に本山《もとやま》炭鉱労働組合が結成された。これは山口県における炭鉱労働組合結成の最初である。続いて一月一三日に大浜炭鉱々員労働組合（以後、単に組合、あるいは鉱員労組と表現することがある）が発足した。

労働組合が一朝一夕のうちにできあがることはない。おそらく労働組合法制定以後、大浜炭鉱でも組合設立準備委員会が組織され、そのイニシアティブのもとで設立へ向けての努力が重ねられたものであろう。組合設立の日付で以下のような組合設立宣言が残っている。

宣言

八月十五日ノ終戦ヲ契機トシテ我国ハ過去ニ於ケル封建的軍閥専制政治ヨリ解放サレ、新タニ民主々義的自由主義国家トシテ再建セントス

而シテ之ガ健全ナル発展ハ、一ニ懸ツテ平和産業ノ急速ナル促進ニ依リ遂ゲラル可シ

然レ共戦乱ニ依ル疲弊困憊、加フルニ終戦ノ混乱ト虚脱状態ハ生産ノ低下ニ一層ノ拍車ヲ加へ、就中全ユル平和産業ノ原動力タル石炭危機ノ悲痛ナル叫ビハ、再建日本ノ前途ヲ脅カシツ、アリ

此ノ秋ニ当リ石炭産業ニ従事スル我等労働者ハ戦時中ニ劣ラズ、啻《ただ》黙々トシテ地底ニ鶴嘴ヲ振ヒツ、アリ、然レ共コノ重責ヲ両肩ニ担フ我等労働者ノ労働条件ハ、今日ニ到ルモ依然トシテ恵マレザルノ状態ニ在リ、必然ノ結果トシテ我等炭鉱労働者ハ生活権擁護ノ為、労働組合ノ結成ヲ要望シ来レリ

茲《ここ》ニ於テ我等モ亦、大浜炭鉱全鉱員ヲ打ツテ一丸トスル労働組合ヲ結成シ、以テ労働条件ノ維持改善並ニ社会的地位ノ向上ヲ期シ、社会民主々義化ノ一翼トシテ、平和日本ノ建設ニ邁進センコトヲ固ク宣言スルモノナリ

昭和二十一年一月十三日

大浜炭鉱々員労働組合設立準備委員会

代表　有田好徳

この「宣言」には、労働組合設立の目的として、労働条件の維持改善、炭鉱労働者の社会的地位の向上、社会民主主義による平和日本の建設が掲げられている。この「宣言」によって、有田好徳が組

合設立の中心人物であり、彼の政治的位置が社会民主主義であったことが確認できる。

一月一三日の労働組合の設立大会では、綱領と組合規約も諮《はか》られて決定された。

綱　領

一、我等ハ切迫セル石炭危機ノ打開ニ献身スルモノナリ

一、我等ハ生活ヲ保証スル最低賃金ノ確保ヲ要求ス

一、我等ハ当鉱坑内ノ特殊条件ヲ参酌《さんしゃく》シ労働時間ノ短縮ヲ叫ブ

一、我等ハ食糧ノ補給源タル配給機構ノ改善ヲ要請ス

一、我等ハ生活ヲ豊富ニスル福利施設ノ完備ヲ要請ス

一、我等ハ将来進歩的民主々義的団体トノ提携ヲ劃ス

一、我等ハ資本主義時代ノ破壊的闘争ヲ排撃シ真ニ平和日本建設ノ為ニ邁進《まいしん》スルモノナリ

「綱領」では、最初に戦後復興のための国家的最優先課題であった石炭増産に協力する姿勢を示し、続いて、最低賃金の確保、労働時間の短縮、配給機構の改善、福利施設の完備、以上四点の要求を列挙し、最後に、政治的活動として「進歩的民主々義的団体」との提携をはかり、「資本主義時代ノ破壊的闘争ヲ排撃シ真ニ平和建設ノ為」に邁進するとしている。前掲の「宣言」と主旨が一貫している。

ところで、ここの「資本主義時代ノ破壊的闘争」とは何を指しているのか。帝国主義的な侵略戦争のことか、さもなくば暴力革命を目指す階級闘争のことか。「宣言」「綱領」ともに「社会民主々義」

への親近感を隠さないところから見て、後者かもしれない。どうやら大浜炭鉱争議においては、社会党系勢力と共産党系勢力との暗闘が底流にあるように思われる。

大浜炭鉱々員組合規約（案）

第一章　総則

第一条　本組合ハ大浜炭鉱々員組合（以下単ニ組合ト称ス）ト称ス

第二条　組合ハ大浜炭鉱株式会社鉱業所（以下単ニ大浜炭鉱ト称ス）鉱員ヲ以テ組織シ、本部ヲ大浜炭鉱集会所（元労務課事務所）内ニ置ク

第三条　組合ハ組合員ノ社会的経済的地位ノ維持改善並ニ教養ノ向上ヲ計ルヲ以テ目的トシ、ソノ目的遂行ノ為適宜諸種ノ事業ヲ行フ

第二章　入退会及ビ除名

第四条　組合ニ入会セントスル者ハ、所定ノ入会申込書ヲ委員長ニ提出ス可シ

第五条　委員会組合員タルニ適セザル者ト認メタルトキハ、ソノ決議ニ依リ入会ヲ許可セザルコトアルベシ

第六条　組合ヲ退会セントスル者ハ、ソノ旨書面ヲ以テ届出ヅベシ

第七条　組合員ニシテ大浜炭鉱ヲ退職シタルトキハ、組合ヲ退会ス

第八条　組合員ニシテ組合ノ体面ヲ汚シタル者ハ、懲罰委員会ノ決議ニ依リ之ヲ除名ス

第三章　総会

第九条　定例総会ハ年二回、四月及ビ十月開催ス、臨時総会ハ委員会ノ決議ニ依リ必要ニ応ジ開催ス

第四章　役員及委員会

第十条　組合ニ左ノ役員ヲ置ク

一、委員長　一名
二、副委員長　二名
三、常任委員　若干名
四、委員　若干名
五、顧問　若干名

第十一条　委員ハ総会ノ選挙ニ依リ選出ス

第十二条　委員ノ任期ハ一ケ年トシ再選ヲ妨ゲズ、但シ補缺選任若ハ新タニ選任セラレタル委員ノ任期ハ他ノ委員ノ任期ノ残期間トス

第十三条　委員長ハ組合ヲ代表シ組合ノ事業ヲ総理ス
副委員長ハ委員長ヲ補佐シ、委員長事故アルトキハ之ヲ代行ス
常任委員ハ組合ノ常務ヲ執行ス

第十四条　委員ハ委員会ヲ構成シ組合ノ主要事項ヲ協議決定ス

第十五条　委員長、副委員長及ビ常任委員ハ委員会ノ互選ニ依リ選任ス

第十六条　定期委員会ハ月一回開催ス、臨時委員会ハ必要ニ応ジ開催ス

第十七条　顧問ハ委員会ニ於テ推薦ス

第十八条　顧問ハ委員会ノ諮問ニ応ジ組合事業ニ参画ス

第五章　規約ノ変更
第十九条　規約ノ変更ハ総会出席者ノ過半数ノ決議ニ依リ之ヲ為ス
第六章　経費及会費
第二十条　本会ノ経費ハ会費並ニ寄付金ヲ以テ之ニ充ツ
第二十一条　本会ノ会費ハ月　　　トシ、毎月之ヲ徴収ス
第二十二条　本会ノ決算ハ毎年三月末日トス
以上

右の鉱員組合規約は案であるので、おそらく後に若干の修正がなされたものと思われる。組合の名称は「大浜炭鉱々員組合」（第一条）と定めてあるのに、現実には「大浜炭鉱々員労働組合」と呼ばれ、また自称もしている。後に規約改正がなされたのかもしれないが、確認できない。現実にはささいな事としてこだわらなかったようだ。また、役員に書記長の規定がないなどの不備もある。

鉱員労組の役員となった者は以下である（表1）。組合長は有田好徳（44歳）[*]、副委員長は沖村政一と射田逞夫の二人、会計兼書記長は藤原勇（39歳）、常任委員に浅江民舎《あさえたみや》（41歳）と矢原保（42歳）の二人、ほかに委員として一四人、合計二〇人であった。組合長とは組合委員長の別称であろうが、とくに規定はない。

*年齢は一九四六年七月時点でのもの。

組合長の有田好徳は前記のように社会民主主義者であった。後に一九五一（昭和26）年の小野田市議会議員選挙に社会党公認で立候補し、落選している。これからみて社会党系の人物と断定してよい。

有田好徳組合長は、組合結成の半年後の七月一一日、役員の改変を行った（表1）。いかなる事情

があっての役員改変なのか、その理由は確認できない。有田組合長の組合運営に反発する者が出てきたので、有田組合長に近い者を増やし、有田に権力の集中をはかったのであろうか。

表1　大浜炭鉱々員組合役員人名表

1946（昭和21）年1月13日		同年7月11日	
委員長	有田好徳	組合長	有田好徳
副委員長	沖村政一	副組合長	射田湜夫
副委員長	射田湜夫	副組合長	池村秀雄
会計兼書記長	藤原　勇	書記長	藤原　勇
常任委員	浅江民舎	委員	浅江民舎
常任委員	矢原　保	委員	矢原　保
委員	竹林政夫	委員	大畠俊衛
委員	池村秀雄	委員	山口芳末
委員	古藤市五郎	委員	島田忠光
委員	坂村惣右衛門	委員	古藤市五郎
委員	青木亀太郎	委員	坂村惣右衛門
委員	永久泰二	委員	青木亀太郎
委員	児玉久夫	委員	百済杢助
委員	大畠俊衛	委員	竹林正夫
委員	百済杢助	委員	岩本保男
委員	島田忠光	委員	川上仁作
委員	尾田道次郎	委員	尾田道次郎
委員	岩本保男	委員	尾下秀敏
委員	川上仁作	委員	古藤　寛
委員	松岡文治	委員	春口鉄蔵
	計 20 人	委員	長野　博
		委員	三浦晴雄
		委員	広瀬リヨ
		委員	勝間芙美子
			以上 24 人

職員労働組合の結成

大浜炭鉱の従業員は大別して二種よりなる。第一が鉱員、第二が職員である。一九四七（昭和22）年九月時点で、鉱員の人数は男七六三人、女一四六人、計九〇九人、職員は男一〇四人、女〇人、計一〇四人、従業員総数は一〇一三人であった。

職員の大部分は技術者である。近代炭鉱というものは高度の技術によって操業されており、技術者なしには成り立たないので、技術者は鉱員にくらべて社内の位置が高い。住宅も職員社宅と鉱員社宅は別区画にあり、建物も職員社宅の方が広くかつ上等であった。

しかし、彼らもまた賃金労働者であることに変わりはないので、当然ながら労働組合を結成した。鉱員組合の発足より約一カ月遅れて、一九四六（昭和21）年二月二六日、大浜炭鉱職員労働組合が発足した。代表は中村保登であった。

労働協約の締結

一九四六年九月には労働関係調整法が制定され、一〇月に施行された。一一月三日には日本国憲法が公布され、その第二八条に「勤労者の団結する権利及び団体交渉その他の団体行動する権利はこれを保障する」と定められた。

労働組合法第三章（第一九条〜第二五条）では、労働組合と会社との間に「労働条件其ノ他ニ関スル労働協約」（第一九条）を締結することが認められていた。そこで当然のように、大浜炭鉱々員労働組合と会社は労働協約を結んだ。

労働協約書

第一条　大浜炭鉱株式会社鉱業所（以下会社ト称ス）ト大浜鉱員労働組合（以下組合ト称ス）ハ、労働組合法第十九条ノ趣旨ニ基キ本協約ヲ締結ス

第二条　会社幷ニ組合ハ、誠意ヲ以テ民主的経営ニ依ル生産ノ向上、産業ノ発展ヲ期スルモノトス

第三条　会社ノ鉱員ハ総テ組合ノ組合員タルモノトス、但シ会社幷ニ組合協議ノ上承認セルモノハ此ノ限リニ非ズ、尚、組合員ノ雇用解雇ニ関シテハ別ニ之ヲ定ム

第四条　会社ハ組合ノ地位ヲ確認シ、組合所属組合員ノ生活向上ニ努ムルト共ニ、組合ノ健全ナル発展運営ニ協力スルモノトス

第五条　組合ハソノ所属組合員ノ行動ニ付責任ヲ以テ指導ニ当ルト共ニ、労働能率ノ向上発展ニ努ムルモノトス

第六条　会社幷ニ組合ハ、別ニ定ムルトコロニ依リ双方ヨリ選出セル委員ヲ以テ、経営協議会ヲ組織運営スルモノトス

第七条　会社幷ニ組合ハ、本協約ニ依リ交渉協議ヲ行フモ妥結スルニ至ラザル時ハ、労働組合法ニ定ムル労働委員会ノ調停ニ附スルモノトス

第八条　本協約ハ締結ノ日ヨリ満壱ケ年間有効トス

右協約ノ證トシテ本書参通ヲ作成シ、会社幷ニ組合各壱通ヲ保有シ、壱通行政官庁ニ提出スルモノトス

昭和二十一年九月十日

大浜炭鉱株式会社鉱業所

所長　重盛五六　印

大浜鉱員労働組合
組合長　有田好徳　印

この労働協約において会社と組合は「民主的経営」を約束し合った（第二条）。組合のあり方に関しては、鉱員は全員、鉱員組合の組合員であることが定められた（第三条）。組合員でない鉱員の存在は認められないのである。こうした組合のあり方はユニオンショップ制とみてよく、従業員中に組合員と非組合員の両者が併存することを許すオープンショップ制ではない。

この第三条に関連して、以下の労働協約附帯協約書がつくられた。

労働協約附帯協約書

＊労働協約第三条に係る付帯協約

第一条　大浜炭鉱株式会社鉱業所（以下会社ト称ス）ト大浜鉱員労働組合（以下組合ト称ス）ハ、両者間ニ締結セル昭和弐拾壱年九月拾日附労働協約書第三条ニ基キ、本附帯協約ヲ締結ス

第二条　組合ガ除名シ又ハ組合ヲ脱退セル鉱員ハ、会社ハ之ヲ同時ニ解雇スルモノトス、但シ組合ガ組合員ヲ除名セントスル時ハ、会社ノ同意ヲ要スルモノトス

第三条　会社ガ鉱員ヲ解雇セル時ハ、組合ヲ脱退スルモノトス、但シ会社ガ鉱員ヲ解雇セントスル時ハ、組合ノ同意ヲ要スルモノトス

第四条　新ニ採用セル鉱員ハ、会社幷ビニ組合所定ノ手続ヲ完了スルニ非ザレバ、会社ハ之ヲ就業セシメザルモノトス

右附帯協約締結ノ證トシテ本書参通ヲ作成シ、会社幷ニ組合各壱通ヲ保有シ、壱通ヲ行政官庁ニ提出スルモノトス

昭和弐拾壱年九月拾日

大浜炭鉱株式会社鉱業所
所長　重盛五六　印
大浜鉱員労働組合
組合長　有田好徳　印

労働協約第六条には、会社と組合との間に経営協議会を設けることが定められた。それに関する付帯協約書は以下である。

労働協約附帯協約書　＊労働協約第六条に係る付帯協約

第一条　大浜炭鉱株式会社鉱業所（以下会社ト称ス）ト大浜鉱員労働組合（以下組合ト称ス）ハ、両者間ニ締結セル昭和弐拾壱年九月拾日附労働協約書第六条ニ基キ、経営協議会（以下協議会ト称ス）ニ関スル本附帯協約ヲ締結ス

第二条　協議会ノ委員ハ拾四名以内トシ、会社幷ニ組合ヨリ各七名以内ヲ選出スルモノトス

第三条　協議会ニ於ケル協議決定、若ハ説明スベキ主ナル事項、左ノ如シ

一、協議決定スベキ事項

(イ)就業ニ関スル規則ノ制定改廃

(ロ)給与ニ関スル制度ノ制定改廃
(ハ)昇減給賞与ノ方針
(ニ)身分制度ノ制定改廃
(ホ)福利厚生ノ方針
(ヘ)鉱員ノ雇傭ニ関スル基本方針
(ト)鉱員ノ人事異動
(チ)鉱員ノ賞罰
(リ)職制ノ改廃
(ヌ)生産予定
(ル)作業能率
二、説明スベキ事項
(イ)会社ノ経理状態
(ロ)組合ノ組織、事業計画、経理ノ概要
第四条　組合選出ノ委員ハ勤続年数一ケ年以上ノ者タル事ヲ要ス
第五条　定例協議会ハ毎月一回、下旬之レヲ開催スルモノトス
第六条　会社又ハ組合必要ト認メタルトキハ、随時専門小委員会ヲ設クル事ヲ得
専門小委員会ノ委員ハ会社并ビニ組合ニ於テ各決定ス
右附帯協約締結ノ證トシテ本書参通ヲ作成シ、会社并ビニ組合各壱通ヲ保有シ、壱通ヲ行政官庁ニ提出スルモノトス

大浜炭鉱株式会社鉱業所
所長　重盛五六　印
大浜鉱員労働組合
組合長　有田好徳　印

昭和弐拾壱年九月拾日

経営協議会とは右の労働協約附帯協約書をみても明らかなように、労働者と会社側が対等の立場で同じテーブルに着き、会社の運営や労働者側の諸要求等について話し合う常設の協議機関である。大浜炭鉱労資の労働協約は有効期間を満一カ年と定めている（第八条）。付帯協約にはその旨の記載はないが、労働協約に準ずるとみてよい。後に労働争議が勃発すると、この労働協約の有効期間が問題となる。

なお、職員労働組合と会社側との間にも労働協約が一九四六（昭和21）年一一月に締結された。職員の雇用と組合の関係については、クローズドショップ制の規定がなされた（その労働協約書は見つかっていない）。

クローズドショップ制ということであれば、会社は職員労働組合の組合員のみを採用し、脱退などによって組合員資格を失った者を会社は解雇するということになる。職員は炭鉱内の技術職員たちであり、鉱員とは異なる専門職でもあるのでクローズドショップ制が採用されたことは理解できる。

2　労働争議の発生

新役員への交代

一九四七（昭22）年一月の鉱員労組大会で役員改選が行われた。この改選で組合長に選ばれたのは浅江民舎（42歳）であった。副組合長以下の役員も大幅に入れ替わった。有田組合長の下で役員を務めていない者一八人が新たに役員となり、役員総数も二七人となり前回より三人増えた（一三〇頁表2参照）。

これは完全なる政権交代といってよく、おそらく有田執行部に批判的な人びとが代わって登場したものといえる。有田執行部の組合運営にどのような批判が行われたのかよくわからないが、それをわずかに窺い知ることができる一事例をあげておく。

一九四六（昭21）年一二月二六日、県炭連（山口県炭鉱労働組合総連盟）が越年資金の交渉でストライキに入った。県炭連とは、同年初頭の本山炭鉱労働組合結成を皮切りに続々と誕生した山口県内炭鉱労働組合が、県全体の連絡機関として結成した最初の連合体で、その県炭連が初の合同闘争を行ったのである。このとき大浜炭鉱鉱員労組の「有田、藤原等ハ鉱員ノ意思ヲ無視シテ重盛所長ト独断結託ノ上、欺装ストヲ行ヒ、会社側ニ追随」し、そのために有田執行部は鉱員の信頼を失った、と後に浅江側が述べている。有田組合長指導下の鉱員組合は会社側と共同歩調をとるような組合であったが、それを組合員多数が嫌ったのである。

新組合長・浅江民舎とはどのような人物か、よくわかっていない。共産党の影が浅江たちの背後にあるのかないのか、それもよくわからない。前書記長・藤原勇は後（一九四九年から一九五〇年ころ）には共産党員と目されていた人物である。一九五〇年の小野田市長選挙で藤原勇は姫井伊介候補支持の文書を本山・大浜両炭鉱でバラまいたと新聞報道され、その記事には共産党員と書かれている。姫井候補は社会党と共産党の両者が推薦した革新候補であった。

浅江派はこの藤原勇と対立的であったことからみて共産党とは無縁かにみえるが、藤原が争議時点で共産党員でなかっただけのことかもしれず、浅江派と共産党の関係を完全に切り離すわけにはいかない。

経営協議会の決裂

浅江民舎組合長の新執行部が発足して数カ月後の一九四七年四月七日、労働基準法が制定された（施行は同年一一月）。五月三日には日本国憲法が施行された。こうした労働界の動きは大浜炭鉱労組の新執行部にも大きな影響を及ぼしていたにちがいない。

さて、大浜炭鉱における労資間の労働協約にもとづき、第一〇回の経営協議会が一九四七（昭和22）年八月二〇日に開かれた。場所は大浜炭鉱の所長室。出席者は会社側から重盛五六所長ほか三人、組合側からは浅江組合長ほか四人、計九人による会合である。

協議事項は組合側から事前に提出されていた左記の六項目であった。

一、鉱員合宿直営ノ件
一、労務者用無償酒ニ関スル件

一、六月分賃金差額金請求ノ件
一、スライド制ニ依ル増賃金要求ノ件
一、労働協約疑義ニ関スル件
一、盆会休中仕繰《しくり》突貫作業ニ対スル協力者ノ特典付与ノ件

右の第三項「六月分賃金差額金請求ノ件」に協議が入ったところで、問題が起こった。その状況を具体的に示す組合側の「経営協議会実情録」は、以下のように記述している。

沢田副組合長　総会ニ於テ或ル人ノ発言ニ、「君達労組幹部ハ度々会社〱ト言ハズニ、会社ヨリ取ル物ハ取レ、御用組合的ニ会社ト云フナ」ト我々ハ言ハレタガ、我々ハ御用組合デハナイト云フ信念ヲ持ツテ居ル、所長モ此処ヲ賢察サレマシテ善処アリタシ

重盛所長　ソレワ君達ノ見解ノ相違ダ、君達ハ御用組合デナケレバナラナイカラ、ソヲ云フ会社ノ為ニナラナイ言ヲ吐ク輩《ヤカラ》ハ会社ヲ辞メテ行ケバ良イ、又組合トシテモドシ〱除名シテ貰ライタイ、俺ハソレヲ要求スル

浅江組合長　ソレハ所長、見解ノ相違ダ、ソウ言フ風ニモシ組合ヲ無視セラレルナラバ、我々ハ何時デモ闘争シナケレバナラナイ

重盛所長　何ニ？　君達ハソウ言フ懐ニ「アイクチ」ヲ呑ンダ様ナ態度ヲ見セルナラ、何時デモ抜ケ、俺ハ相手ニナル

池村副組合長　ソレハ若《ママ》シ組合ヲ無視セラレタト言フ事デス

重盛所長　君達ガソウ言フ考ヘヲ持ツテ居ルナラ、俺ハ君達ヲ再教育シナケレバナラナイ等、我々組合ノ自主性ヲ蹂躙スル言ヲ吐キ、此ノ間終始馬鹿野郎ノ言ヲ連発シ、協議スベキ提出文ヲ引キ破リ、其ノ上一方的ニ経営協議会ヲ破棄シ、解散ヲ命ズル等常識ヲ脱シタル行為ノ上、最後ニ鉱員ノ信任ガ組合ニアルカ俺ニアルカ、鉱員大会ヲ開キ輿論ニ訴エルト言明シ、交渉ハ決裂セリ

沢田副組合長の発言は、六月分賃金差額（これについては後に一括して記述する）を会社が支払わないのは、今の組合が何かというと「会社〳〵」という会社べったりの弱腰の御用組合だからだ、と組合総会で組合員から難詰された、だからそこのところを所長は理解して、六月分賃金差額を支払ってくれ、というのである。

これに対して重盛所長は、「それは君たち組合員内部の意見対立にすぎん、君たちは本来的に御用組合でなければならないのだから、そういう会社の為にならないことを言う人物はやめて行けばよい、又組合としてもそういう人物は除名して貰いたい」と言った。

この対立は労働組合というものに対する考え方が根本的に違うことから生じている。前掲の労働協約並びに付帯協約によれば、大浜炭鉱の労働組合はユニオンショップ制であり、「会社ガ鉱員ヲ解雇セントスル時ハ、組合ノ同意ヲ要スル」と定められている。だから重盛所長は会社のためにならない人物については組合が除名してほしい、と言ったのだ。大浜炭鉱労働協約の精神は、労資の関係は対立的ではなく、両者協力し合って運営するとの主旨と読み取れる。いわば労資協調というべきものと

理解される。

それを重盛所長は「御用組合」と呼んだことで摩擦が生じた。後章で詳しく記述するが、重盛五六の経営する大浜炭鉱は「大浜一国社会主義」建設を目標としていた。それゆえ、重盛は大浜の労働組合は「大浜一国社会主義」建設を目標とする労働組合でなければならないとし、そうした「大浜一国社会主義」型労働組合を「御用組合」と表現したまでであった。この表現自体は誤りであったが、重盛自身の傲慢な性格が訂正を躊躇させたのであろう。

また、重盛所長が組合を「再教育」しなければならない、と発言したのは、「大浜一国社会主義」型労働組合について組合側の理解が十分でないとみてとったからのことである。

鉱員組合新執行部は会社側のいう「大浜一国社会主義」については一顧だにせず、完全無視を貫いた。何が社会主義だ、ちゃんちゃらおかしい、といったところであろうか。

だから、組合側は重盛の「御用組合」なる語を、世間一般の常識どおりに、会社側に従属的に奉仕するだけの組合と受けとめた。したがって、組合に「御用組合」であることを求める重盛所長の発言を、組合は「組合ノ自主性ヲ蹂躙スル言」と受けとめた。労働組合法第二条「労働組合トハ労働者ガ主体ト為リテ自主的ニ労働条件ノ維持改善其ノ他経済的地位ノ向上ヲ図ルコトヲ主タル目的トシテ組織スル団体」との規定をふまえたものである。

五六追放！

右記のように経営協議会は決裂し、組合代表は席を立った。

その夜午後七時、鉱員集会所において組合は委員会を開き、今後の対策を話し合った。その結果、重盛所長の反省を求めて、若干の代表委員を選び交渉することとなった。午後九時からの交渉で、組合側はあくまで所長の反省を求めたが、重盛所長の返答は以下であった。

所長　君達は大浜炭鉱の最高指導者に対し反省を求めるとは何事か。むしろ最高指導者に俺は敬意をはらう事を要求する。反省する要、更に無し。君達が俺に反省をうながす、うながさない等の言はなくとも、鉱員の信任が俺に無ければいつでも会社をやめてやる。

自分自身を「最高指導者」と自称する重盛の態度は珍妙にみえるが、これも「大浜一国社会主義」建設ということを前提としてみれば、理解できないでもない。すなわち、世界革命が達成できなくとも一国だけでの社会主義建設は可能と称するソビエト連邦、その「最高指導者」としてのスターリン、まさか重盛はスターリンを気取ったわけでもなかろうが、右の尊大な発言はその可能性をうかがわせる。

組合側記録によれば、この交渉の間、所長は「再三馬鹿野郎を連発、組合代表たる我々を無視し、人格の尊重を欠き、非民主的にして封建的態度にて、到底穏健なる交渉は出来」なかったので、ついに決裂したという。

その結果、翌二一日午前八時、土建広場において緊急鉱員組合大会が開かれた

出席者はおよそ六〇〇人。大会議長は副組合長の池村秀雄が務めた。開会後、まず組合長浅江民舍から前日の経営協議会の状況、その後の委員会、さらに所長との交渉について経過報告がなされた。

続いて「所長ボイコット」が委員会から提議され、「満場一致」で可決された。そこで「所長不信任」の決議文案が朗読された。前以て組合執行部で用意してあったのだろう。

それに続いて、灰谷労務課長と多田配給所主任の排斥が緊急動議として提案され、満場一致で可決。さらに「独裁所長に追従する幹部のボイコット」も提案され、これも満場一致で可決された。

ここで所長不信任の賛成演説が新垣・三浦の二氏によって行われ、沖の山炭鉱の若木氏の応援演説もなされた。続いて先刻諮られた「決議文案」の朗読が行われて、満場一致で可決した。

最後に「本大会より闘争に入る事を宣言」し、万歳を高唱し閉会した。

この緊急鉱員組合大会で決定された「決議文」は以下である。

決議文

日本民主化ノ為ノ強力ナル一環トシテ労働組合運動ノ健全ナル発展ハ、連合国ノ強ク要望スル処デアル。今日迄我国ニ於ケル労働運動ハ充分ナル其ノ役割ヲ果シテ来タ。我ガ大浜炭鉱ハ昨年一月十三日結成以来、誠意ヲ持ツテ着々ト組合運動ノ健全ナル発展ニ努力シテ来タ。就中敗戦ノ現実ニ即シテ、対会社トノ交渉ニ際シテハ誠心誠意ヲ以テ之ニ当ツテ来タノデアル。

然ルニ当鉱所長ハ、吾々ガ組合結成以来、其ノ態度ニ於テ行動ニ於テ労働協約ヲ無視シ、組合ヲ非認スルガ如キモノガアツタガ、昨朝ノ経営協議会ニ於イテ其ノ色採ヲ完全ニ宣明セリ。即チ同会ニ於テ曰ク、組合ハ会社ノ御用組合デアラネバナラナイ、或ハ俺ハ大浜炭鉱ノ最高指導者デアルカラ、労働組合ハ其ノ必要ヲ認メナイトカ等、労働組合ヲ無視スルガ如キ言辞ヲ弄シ、就中労働協約ノ精神ニ依リ開催サレタル最モ重大且厳粛ナル経営協議会ヲ破壊シタ。即チ我々ノ要求書ヲ引キサキ、経営協議会ヲ非認シ遂ニ解散ニ至ラシメタ。

組合ハ斯ノ如キ所長ニ対シテ即刻委員会ヲ開催シ、再度所長ノ反省ヲ邀《もと》ム可ク代表者ヲ面会セシメタノデアル。然ルニ所長ハ依然トシテ其ノ態度ヲ改ムル事ナク、剰《あまつさ》ヘ蛮声ヲ張リ上ゲテ組合代表ヲ馬鹿野郎呼バハリシ、自分ヲ大浜炭鉱ノ最高指導者トシテ、総テヲ独裁ノ本ニ処理スル事ヲ言明セリ。

我々ハ冒頭書キ述ベシ如ク誠意ヲ以ツテ今日迄行動ヲナシテ来タガ、最早斯如ク非民主的ニシテ封建的ナル重盛所長ノイデオロギート行動トニ対シテ着追《ママ》スル事ヲ得ズ、我々ハ大浜炭鉱ヲシテ住ミ良イ働キ良イ楽土ヲ建設シ、命令サレルモノデナク全組合員ノ自主的増産意慾ノ昂揚ヲ図リ、祖国復興ノ一路ニ邁進スベキ決意ノ本、茲ニ重盛所長不信任ヲ決議ス。

昭和二十二年八月二十一日

大浜炭鉱鉱員労働組合

代表　浅江　民舎

鉱員労組はこの決議文を重盛所長に手交せんとしたが、あいにく所長は上京中で不在、そのため所長の大浜帰社を待つこととなった。上京中の重盛所長は、ボイコット決議などの情勢については連絡を受けており、出張先より以下のような電報を発した。

八月廿四日　従業員宛

鉱員大会ノ決議承知シタ」我二七日帰ル」大浜ノ平和ノタメ仕置恐レズ」サレド諸君ノ支持ナケレバ我力ナシ」必ズ善処スル」二七日帰ル」ソレ迄大浜ノ名誉ノタメ軽挙スルコトヲ待テ」重盛五六

八月廿四日　戸張会計課長宛

一九〇四マンミナ許可トレタ」水洗機資我話スメバ二七日帰ル」ボイコット承知シタ」サレド我着迄待テ」支持ナケレバ我モ亦現地ニ未練ナシ」全従業員ニ其ノ旨知ラセ」五六

職員労組は所長支持

所長ボイコットを決議した鉱員労組は、職員労組に対してこの問題に対する態度表明を迫った。八月二五日、職員労組幹事長・永井幸作による回答書が出された。それには重盛所長の「非民主的言動ニ関シテハ、吾々職員組合員ニ於テモ等シク認メル処」としながらも、所長ボイコットについては「当鉱々内ノ特殊事情ニ伴フ従来示サレタル所長ノ措置、努力、及対外的事情等、事業経営上所長追放ヲ不可ト認メマス」とあった。戦時中一九四三年の経営危機打開は重盛五六の技術と情熱によるものであったことを、職員たちは記憶していた。

その翌日、職員労組は総会を開き重盛所長の信任の可否を諮った。職員中にも少数ながら反重盛派がいた。職員たちは重盛所長の技術者としての優秀性・先進性を認めていたが、所長の「独裁」や「狂的言動」を身近に見聞するがゆえに、それへの辟易度の高い人びともいた。

重盛の「狂的言動」の一例であるが、鉱員労組の文書中に「職員に対し『馬鹿野郎』の連発は日常茶飯事で、時には腕力を振ひ、先日は自分の子供の事で職員の妻女を撲ると言ふ言語に絶するネロ的暴君振りを発揮してゐる」とある。この件については、山口県地方労働委員会（県労委と略称）一一月一一日定例総会において労働者側の柏村委員が「従業員を殴ったり、その家族を殴ったりするのだから」と発言していることからみて、真実であったようだ。

こうした実態は職員すべてが知っていることでもあり、反重盛派職員らが重盛批判の声をあげたため激しい議論となったが、最終的に「独裁」と「狂的言動」を是正するという条件を付けて所長信任と決まった。

鉱員労組は職員労組の回答を受けて、職員労組を「独裁所長に追従する会社幹部の小集合体」と定義し、かつ法的申請もしていない「偽称組合」であり「労働陣営の敵」と決めつけた。

県労委への提訴

鉱員労組はこうした会社との争議について、八月二六日、山口県地方労働委員会へ提訴した。前年の一九四六年三月に山口県地方労働委員会は県庁の労政課内に設置されていた。

労働委員会とは、使用者を代表する者、労働者を代表する者、および第三者、それぞれ同数より成る委員会であって、中央労働委員会、地方労働委員会、また特別労働委員会の三種がある。このうち地方労働委員会とは、労働組合法と労働関係調整法に基づき、都道府県に設置された労働者の権利を守る行政委員会で、その任務は①労働争議の調整（斡旋、調停および仲裁）、②不当労働行為事件の審査、③労働組合の資格審査、以上である。

前掲労働協約第八条には、労資間の「交渉協議」が妥結に至らないときは「労働組合法ニ定ムル労働委員会ノ調停ニ附スルモノトス」とあるので、これに則り組合が地方労働委員会に提訴したわけである。その提訴状の内容は四カ条から成る。

第一は、配給所の運営に関してである。一九四七（昭和22）年二月一四日の経営協議会で決定した配給委員会規約を会社は無視した運営を行い、一般鉱員やその家族の福利を阻害したとして実例三例をあげ、その是正を求めた。具体的には、会社側の独断的運営を改めるよう求め、そのためには現行配給委員会規約の改正、配給所主任の交代を求めた。

第二は、増産報奨用清酒無償配給の件である。炭鉱労働者の増産意欲向上を目的として、中央において清酒を無償で労働者に配給することが決定されたが、大浜炭鉱では会社側の炭界での立ち位置の関係からか、配給がなかった。なぜ配給がないのか、その理由をただすと同時に、酒がないのならその代わりに代金を支払えと組合は要求した。

第三は、六月分差額賃金未払いの件である。戦後物価の急上昇にともない、戦後復興のための最重要産業である炭鉱において労働者賃金の物価スライド新賃金体系が採用された。しかし、この問題も会社の炭界での立ち位置の関係から複雑な諸事情が発生した。組合側は当然、新賃金体系に移行した場合、未払いの部分が出るのでそれの支給を要求することになる。

第四は、「組合の自主性蹂躙に関する件」、すなわち、重盛五六所長ボイコット（追放）に関する問題である。組合側は、八月二〇日の経営協議会において会社側のとった言動並びに措置（議案書類を破り、協議会を一方的に解散）は、労働組合法第一条に保障された労働組合の団体交渉権の否認、および同法第二一条の労働協約遵守義務に違反するとし、以上を県労委で認定し、その責任をとって「重盛五六所長は引責辞職すること」を求めた。

ややもすると所長追放という第四に係る問題ばかりに目が行きがちであるが、第一から第三までの問題は労働組合員の生活に係る経済的諸要求であって、それらが問題となるのも所長の独裁、すなわち組合の自主性蹂躙がその基底にあるからだ、という論理構成になっている提訴である。なお、第一から第三までの経済的諸要求に関しては後章で一括してふれる。

さて、県労委はこの大浜炭鉱々員労組の提訴を受けて、さっそく二八日を調停の日として指定したが、重盛所長が上京中で不在のため延期となった。

社長あて要求書

重盛所長は二九日に大浜に帰着したので、直ちに鉱員労組は重盛所長と交渉をもった。席上、浅江組合長は持参した所長ボイコット決議書を重盛所長に手交した。

「決議文の中に要求書とあるが、俺はあれを要求書とは認めんぞ。また経営協議会の破棄とあるが、俺は感情にはしる傾向があるので、議長として協議会の中止を命じただけで破棄ではない」と、決議書を一読した所長は一部につき反論し、さらに続けた。

「この決議は欺瞞だ。組合幹部の策謀だ。緊急鉱員組合大会はちゃんとやったんだろうな。俺は、俺の会社経営は正しいと思ってやっているが、従業員の俺に対する信任が無いようなら、何時でも辞めてやる」

しかし、次のようにも言った。

「職員労組と鉱員労組をそれぞれ一として、両者のうち一方だけが反対しても俺は退陣しない」

職員労組は重盛所長の腹心たちが牛耳る団体であり、そこでの所長ボイコット決議はありえないことを見越しての発言である。

話が進んで次のような話題も出た。

「所長は労組の誕生に尽力されたそうですが……」と水を向けられて、「尽力はしなかったが、熱望したよ。灰谷君に中学校を出た者の数を調べ、その者たちに労組を作らせよと命じたんだ」と重盛は答えた。大浜炭鉱々員労働組合の誕生の裏面には重盛所長の意志が働いていたらしい。初代有田好徳委員長と重盛五六は、協力し合って組合を創設したというべきかもしれない。

その後、質疑応答があったが誠意のない答弁が続いたため、交渉は打ち切られた。

同日の午後七時一〇分から再び交渉が開かれた。この席には日本鉱山労働組合（略称は日鉱）福岡県連合会教育部長の重枝琢己が列席を認められた。鉱員労組は当時日鉱に加盟しており、争議は日鉱の指導下で闘われていた。

まず、議論となったのは経営協議会における組合提出の「要求書」（二六頁掲載）についてである。これは経営協議会に先立ち戸張会計課長からの要請で組合側が提出した「メモ」に過ぎないが、組合側から議題として出された諸要求が箇条書きされたものである。

重盛所長は決議文や提出書類は「インチキ」だ、「経営協議会は僕が主体だ」と述べ、そのあり方をめぐって組合側と深刻な意見の相違があった。鉱員組合は「要求書」について、戸張会計課長から口頭で要請されたもので、「前例ニヨリ」「組合側要求事項ヲ手交シタモノデ、当然略式ニテモ要求書ト認ム」と反論、経営協議会の破壊については、所長は「自己ノ意ニ副ハナイトテ激昂ノ末、組合側ノ要求書ヲ破リ、経営協議会ヲ中止ダト宣言シ」、「経営協議会ヲ一方的ニ破壊シタ」と断定した。

二次にわたる所長との交渉も何らの成果ももたらさなかったので、組合側はこの問題を東京本社へ訴え出ることに決め、同日付で社長宛の「要求書」を作成した。

翌三〇日、副組合長の池村秀雄外一名は東京へ向かったが、その際に二九日付の「要求書」を携行した。その全文は以下である。

要求書

吾々大浜炭鉱々員労働組合ハ、結成以来敗戦後ノ日本労働組合ニ負荷セラレタル責務ニ徹シ、事業ノ民主化ニ努メルト共ニ所長ノ施策ニ協力シ、祖国復興ノ基礎タル石炭ノ増産ニ挺身シ来ツタノデアル。

然ルニ所長ハ其ノ施策ノ決定実施ニ当ツテハ全ク独裁的ニシテ、組合結成ノ真義ヲ無視シ、組合ヲシテ最高指導者ト称スル所長ノ盲目的追随者タラシメントシ、労働協約ニ基ク経営協議会ノ運営モ亦全ク一方的ナモノデアツタ。而シテ八月廿日ノ経営協議会ニ於テハ組合及経営協議会否認ノ態度ソノ極ニ達セリ。組合ハ同日夜代表者ヲ以テ所長ノ反省ヲ求メタルモ毫《ごう》モ反省スルトコロナク、反ツテ所長ノ信任ヲ鉱員ニ問ヘ、其ノ結果ニ依リ自己ノ態度ヲ決定スルトノ挑戦的態度ニ出タリ。

仍テ組合ハ翌廿一日鉱員大会ヲ開キ所長ノ不信任ヲ決議セリ。本廿九日此レヲ所長ニ手交シ反省辞職ヲ求メタルモ、依然タル組合否認ノ態度ヲ改メズ、交渉ノ余地全ク無キニ至ツタ。
組合ハ本問題ヲ既ニ山口県労働委員会ニ提訴シ、ソノ公平ナル裁定ニ俟ツ事ヲ決定セルモ、茲ニ大浜炭鉱株式会社々長ニ対シ、大浜炭鉱ノ民主化ト石炭増産態勢ノ確立ノタメニ、重盛所長ヲ解職セラレ度ク要求スルモノデアル

昭和弐拾弐年八月廿九日

大浜炭鉱々員労働組合
組合長　浅江　民舎

大浜炭鉱株式会社々長殿

この要求書は、八月二一日の「不信任」決議にもとづき、重盛所長の「解職」を東京本社社長に対して要求するものであった。この要求書の取り扱い、すなわち、問題解決をいかにするか本社でも激論になったに相違ない。その結果であろうが、高橋岩太郎専務が直々に小野田市大浜の地へ出向き、事情も聴取し、問題の解決をするといった方向となった。

県労委の調停

大浜炭鉱争議には占領軍（当時一般世人から「進駐軍」と呼ばれた）も関心を寄せていた。一九四七年ころ占領軍は山口県庁内に軍政部を置いていた。九月二日一一時頃、山口軍政本部商工課のジャステティス少佐は山口県副知事を通じて県労働委員会あてに、二四時間以内に大浜炭鉱争議の処置をするよう指示した。

そこで県労委は、九月三日、現地での調停に乗り出した。午前中、橋本・石村の二委員は組合側の事情聴取を行い、提訴状の内容を確認した。午後一時以後、二委員は重盛所長から事情聴取を行った。所長は職員労組が強く自分を支持してくれていること、また緊急鉱員大会の決議について疑義を呈し、鉱員中には自分を支持する者も相当数いると述べ、かつ絶対多数での決議であれば自分は潔く身を引く、と話した。ただし、職員労組と鉱員労組は同格だとも述べた。県労委の二人はさらに職員労組からも意見聴取。職員労組は、所長の非民主的なところは改善することを条件として信任の決議をしたと語った。

こうした意見聴取をするうちに、五日に東京本社から高橋岩太郎専務が現地へ来ることがわかったので、県労委は六日に高橋専務を交えた調停交渉をもつことにした。

九月六日、山口県労働委員会は大浜炭鉱争議に関して調停を行った。使用者側は高橋岩太郎専務取締役、労働組合側から浅江組合長以下一一人、県労委から橋本・村上・千々松の三委員が出席した。

議論は百出。午後二時を越えたころ、使用者側が従来の所長の所為について遺憾の意を表明、責任をもって善処するから要求書を撤回してほしい、と希望が出された。組合側はこれを拒絶、議論は組合側提訴四項目のうち第四項に絞られ、最終的に使用者側から以下の回答書が提出され、これが検討された。

回答書

去八月廿日開催経営協議会ニ於ケル重盛所長ノ同会ノ趣旨ヲ没却シタル如キ言動ニ端ヲ発シタル貴組合ノ要求書ノ気持ハ尤モト思ヒマス。最後ノ責任者トシテ事茲ニ到ラシメタルコトニ対シテハ心ヨリ遺憾ノ意ヲ表スルモノデアリマス。

就テハ重盛所長ノコノ遺憾ナル言動ニ対シテハ今後再ビ之ヲ為サシメザル様、責任ヲ以テ貴組合ニ対シ約束スルモノデアリマス。

故ニ此ノ際貴組合ニ於テ大ラカナ気持ヲ以テ、コノ要求書ヲ撤回セラレンコトヲ懇望スルモノデアリマス。

昭和二十二年九月六日

大浜炭鉱株式会社代表取締役
高橋 岩太郎

大浜炭鉱々員労働組合
組合長 浅江 民舎殿

この回答書によって会社側は重盛所長の言動に問題があることを認めたわけであるが、組合側の要求する「解職」は認めなかった。そのため、議論は更に続いた。暫時休憩ののち午後六時一五分に再開したが、組合側から左記の協定書（案）が提出され、それについての議論が行われた。

協定書（案）

一、本九月六日より高橋岩太郎が当大浜鉱業所の責任者として経営に当ること

一、重盛所長は向ふ五ケ年間休職とし、その間引続き高橋岩太郎が経営を担当すること
尚こゝに五ケ年間とは重盛所長の過去の大浜鉱業所在職期間を基礎として算出せるものなり

一、今次争議の基礎となりたる諸問題に付いては本協定成立後直に協議決定すること

昭和二十二年九月六日

大浜炭鉱株式会社
代表取締役　高橋　岩太郎
大浜炭鉱株式会社鉱業所
鉱員労働組合
組合長　浅江　民舎

議論は第二項に焦点が絞られ、使用者側からは第二項削除の要求があった。だが、組合側はその要求に対する回答を保留し、交渉委員のみでは決定できないとして鉱員大会に諮ることとし、午後九時一五分に議論はいったん打ち切られた。

緊急鉱員大会は九時三〇分から開かれた。その場で第二項の削除如何がはかられたが、削除案は否認されてしまった。重盛ボイコットを目指す組合員の意思は固かった。それを受けて、第三次の交渉が午後一一時一五分から再開されたが、両者は対立するばかりで一致点はみつからなかった。

そこで、この行き詰まった状況を打開するために、県労委は以下のような調停案を呈示した。

調停案

記

組合要求ノ協定書案第二項ハ之ヲ削除シ、左ノ通リ変更スルコト

使用者側ニ於テ組合ノ自主性ヲ阻害シナイコト。若シ重盛氏ニ起因シテ組合自主性ノ侵害アリタ

ル場合ハ、之ニ対シ高橋専務ニ於テ充分ナル責任ヲ負フモノトス　以上

昭和二十二年九月六日

山口県地方労働委員会調停委員会

大浜炭鉱株式会社代表取締役　高橋 岩太郎殿

大浜炭鉱鉱員組合長　浅江 民舎殿

この調停案においても、やはり重盛所長の「解職」は実現できていないが、県労委としてもこれが努力の限界だったのであろう。

翌七日、午前七時、県労委の篠原幹事が高橋専務の宿所を訪問し回答を求めたところ、口頭で「受諾」と回答があった。その帰途に浅江組合長に面接し、これも「受諾」の回答であった。

組合執行部としては、重盛追放は実現できなくとも一定の成果はあったとし、他方、組合員の生活諸要求を実現する闘いが残されているので、そちらへ重点を移したいとの思いがあって「受諾」を決定したのであろう。

いずれにせよ、県労委としては、これを以て争議は解決をみたとした。

3　ストライキ突入

専務の遁走

九月六日の山口県労働委員会の調停に対して、翌七日朝、会社側、組合側、双方ともに「受諾」の

意を口頭で表明し、争議の調停は終了した。組合側は、八日、受諾の意を文書（七日付）で以て正式に回答した。

ところが、八日、会社側は前言を翻して、調停については「誠ニ遺憾乍《なが》ラ受諾致シ兼ネマス」と調停拒絶の意を文書（七日付）で県労委へ通告してきた。

いったん承諾しておきながら拒絶するというのは信義にもとる。同日、村上委員が会社側を訪問してその真意を糾したが、「情勢の変化」と回答するばかりで要領を得なかった。県労委内では「所長が専務の独断的交渉に対し横槍を入れた」からだろうとみていた。

このような会社側の豹変に対して組合側は当然ながら憤り、急遽、翌九月九日に鉱員労組臨時大会を開いて対応について協議した。怒号や罵声が飛び交う激しい大会であった。大会に臨席していた高橋専務は、たまりかねたのか、途中で会場を出てどこかへ姿を消した。「然るに何ぞや、解決の責任者たる高橋専務は事態の悪化を黙殺して、大会途中遁走した」と、組合側は受け止めた。

事がここに至ってはもはや解決不可能と判断せざるをえない。午後六時をまわったところで、満場一致でストライキ突入を決議した。翌九月一〇日の一五時を以て鉱員労働組合はストライキに入った。この事態は占領軍軍政部にも強い関心を生ぜしめたようだ。

職員労組の分裂

職員労組では、前記のように、八月二五日、重盛所長の信任を決議していた。ただし、この決議は所長の「独裁と狂的言動を是正する」ことを条件としていたが、その後も所長の言動は以前と変わることはなかった。

九月一〇日、鉱員労組がストライキに突入した。これに対して職員労組は重盛所長をあくまで支持し、永井幹事長は「坑口迄水ヲタメテモ頑張ル」などと発言。この発言は「大浜炭鉱を廃坑にしてでも」と同じ意味であって、鉱員組合の言うことは絶対にきかないぞという意志の表明である。しかし、坑内保安に会社側・組合側双方ともに神経を尖らせている時だけに、非常識と言わざるをえない。言うまでもなく、組合運動は炭鉱の廃坑を求める闘争ではない。

鉱員労組のスト突入直後に、職員労組では八月二五日の所長信任決議を再確認するとして、全職員に記名捺印を要請した。これは職員労組員一人ひとりに対する踏絵であり、反逆者が出ないようにするためかと思われる。

こうした事態の推移を看過できない十数人の職員がいた。彼らは数度にわたって職員労組の総会を開くようにと幹部に要請したが、受け入れられなかった。なぜなら、この職員労組とは「独裁所長に追従する会社幹部の小集合体」と鉱員労組から決めつけられるような存在だったからである。

そして、九月二〇日、遂に佐藤溢彦ら一四人の職員が職員組合から脱退、新組合を結成した。この一四人は全員坑内勤務の技術職員である。新組合は大浜炭鉱第一職員労働組合と称した（略称は、第一職組）。

翌二一日、第一職組は重盛所長に面会、所長に引責辞職を勧告する決議文を手渡した。これに対して所長は「馬鹿野郎」を連発し、「絶対ニ認メナイ」と言うばかりであった。そこで一四人の職員は鉱員組合と同一歩調をとってストライキに突入した。所長にしてみれば頼みの綱の職員労組の一角が崩れたわけで、その衝撃は強いものがあった。

二六日、第一職組の佐藤溢彦組合長は県労委あてに職員労組の解散を求める文書を提出した。職員労組はクローズドショップ制をとっていたから、そこから脱退するということは会社を解雇されることを意味していた。それを覚悟の上での一四人の脱退だったはずである。その一四人が逆に職員労組の解散を地労委に提訴するというのは、不思議な話ではある。残念ながら、そのあたりは本稿では曖昧のままである。

坑内保安の問題

スト突入の状況下で、労使ともに最も気を使わねばならなかったのは坑内保安の問題である。大浜炭鉱は海底炭鉱であるから、とりわけ排水は絶対に欠かしてはならない。また、坑道を支える柱の補強も絶対である。「労組に於ても坑内保安を最も憂慮して居る」が、他方、重盛所長も「労組に対しても保安に必要な労力を差し出す様要求すると共に、之に対しても金一、〇〇〇円の償金」を出す意向を示した、と小野田労政事務所の報告にみえる。

組合側の回答は、保安の仕事を労組に一任してほしいという主張であった。西部石炭鉱業連盟編『十年誌』では、次のように書かれている。『十年誌』は、山口炭田を中心とした西日本の炭鉱経営者の団体である西部石炭鉱業連盟が設立十周年を記念して編さんしたもの。

九月十六日に至り会社は組合に対し保安要員の差出を要請した処、組合側は曩《さき》に会社が要員拒否した事を非難し、組合としては職場を守るのに吝《やぶさ》かではないが、曩の例もあるので次の条件を付し、組合の運営の責任において実施する。
一、会社側は組合の保安作業完遂に全面的に協力すること
二、保安作業の運営を組合に委せること
三、保安作業付属関係施設の運営を組合に委せること
と文書を以て回答した。然し之は生産管理の基本的考え方である事が明らかに窺えるので会社は之を拒否した。この為労使間の溝は一層深くなった。

保安作業を組合主導のもとで行おうとする組合側の提案は、会社側からはいわゆる生産管理闘争ではないかと、疑念を持たれたようだ。九月二四日、会社は組合の申し入れを拒絶した。
生産管理とは戦後の労働運動において組合側のとった戦術の一つで、労働組合が職場を管理することによって生産を維持しつつ、世論の支援のもとに組合側の要求を実現させようというものである。こうした生産管理闘争を各工場・鉱山で実現し、その流れを次第に全国に拡大していこうとする政治的方向性をも秘めていた。大浜炭鉱労働争議は、そうした流れの一端でもあった。

東京会談

高橋専務は行方不明。争議は暗礁に乗り上げたまま動かなくなった。重盛五六所長は鉱員労組や第一職組からの抗議にもまったく反省を見せず、以前のままであった。
こうした状況は占領軍にも報知され、その結果、事態を憂慮した「占領軍当局の命に依り」、九月

二四日には労資双方が上京し、東京本社において話し合いを持つことになった。
この東京会談において、前掲の組合要求書（八月二九日付）に対する会社側の回答書が九月二八日付で作成された。

回答書

重盛所長ノ過去ニ於ケル言動ハ、其ノ意図セザル所ニモ拘ラズ、動《やや》モスレバ独裁的ニ亘リ、或ハ組合ノ自主性ヲ侵害シ、或ハ団体協約ヲ無視スル等ノ感ヲイダカシムルガ如キ事実アリタルハ、経営ノ責任者トシテ遺憾トスルト共ニ、今後ハ斯《かか》ル事態ヲ惹起セザル様、職制改革ニ依ル次長制其ノ他円滑ナル運営ヲ計ル様ノ制度ヲ設ケ、誠意ヲ以テ之ヲ事実ニ示スモノトス

昭和二十二年九月二十八日

大浜炭鉱株式会社
取締役社長　大崎　新吉
専務取締役　高橋　岩太郎

大浜炭鉱鉱員労働組合
組合長　浅江　民舎殿

組合側要求書が重盛所長の解職を要求していたのに対し、この回答書は従前同様それには応えず、重盛所長の非を認めながらも、次長職の新設など職制改革によって課題を曖昧化させようとするものであった。だが、組合側も膠着した事態の解決のために大人の対応をとり、交渉を妥結に向かわせ

た。あえていえば会社も組合も占領軍の意向には逆らえないのである。その結果、九月二九日付で以下の覚書が作成された。

覚　書

一、高橋専務ハ責任ヲ以テ回答書ノ円滑ナル実行ヲ計ルタメ、当分ノ間現地ニ駐在スルコト
二、労働協約ハ社長ト組合間ニ於テ締結シ、高橋専務之ガ交渉及運営ノ衝ニ当ルコト
三、今次争議ノ基礎トナリタル諸問題ニ付テハ、本協定成立後直ニ協議決定スルコト

昭和二十二年九月二十九日

大浜炭鉱株式会社
取締役社長　大崎　新吉
専務取締役　高橋　岩太郎
大浜炭鉱々員労働組合
組合長　浅江　民舎
石炭増産協力会　榎本　勤吾
石炭庁生産局労務課長
代理　商工事務官　塚本　敏夫
商工局事務官　大竹　老男
山口県地方労働委員会　橋本　勝馬

右の覚書には会社側・組合側双方の署名以外に、石炭増産協力会、石炭庁生産局、山口県地方労働委員会の三者が立会人として署名しているのが注目される。大浜炭鉱争議は単なる一地方炭鉱の争議ではなく、中央にも重大事件と受け止められていたことを示している。おそらく絶対必要な石炭増産という国家的課題を克服していくために、大浜炭鉱争議のような争議がほかに波及しては困るのであり、生産管理闘争の気配をみせている大浜争議は阻止しなければならなかったのであろう。

次に右覚書の第三項について協議が行われ、三〇日、以下の協定書が作成された。

覚書第三項ニ関スル協定書

一、四月…六月スライド制増賃金ノ件、七月以降ノ炭価ニ含マレタル一二％増賃金ノ件、及無償酒ノ件

右三件ハ現地ニ於テ鉱連ヨリノ書類ヲ改メテ検討シタル上ニテ、鉱連ノ線ニ副ヒ善処ス

一、復興資金トシテ金一封（九拾萬円）ヲ組合ニ支給スル

一、配給所ノ件

右ハ善処スル

一、本争議ニ関連シテ犠牲者ハ出サズ

一、組合常任委員ノ件、及鉱連加盟ノ件、善処スル

一、新労働協約ハ現地ニ於テ社長組合間ニ締結ス

昭和二十二年九月三十日

大浜炭鉱株式会社

取締役社長　大崎　新吉

専務取締役　高橋 岩太郎
大浜炭鉱々員労働組合
組合長　　浅江 民舎

右協定書には組合側からの生活諸要求に対する「善処」方の回答がなされているが、それとは異質の第四号「本争議ニ関連シテ犠牲者ハ出サズ」が注目される。後に組合員の就業停止や馘首といった事態に立ち至った時、この第四号が議論の争点となる。

スト破りと暴力事件

九月三〇日（この日は東京会談の最終日なのだが）の午前七時、一二人の鉱員が組合側の見張員の制止をふり切って入坑した。いわゆるスト破りの発生である。一二人の入坑と同時に、小野田警察署の警察官一〇人ばかりが坑口の警戒に当たった。その光景は、見る者にあたかも警察官に守られながらスト破りが強行されたかの印象をあたえた。

このときの状況を西部石炭鉱業連盟編『十年誌』は、以下のように書いている。

> 十三《ママ》日早朝十一《ママ》名が入坑した処、組合幹部は彼等を昇坑せしめ、小野田警察署長以下の制止もきかず監禁してリンチを加えたが、機関銃を積載した米軍ジープの救出により、漸く収拾する事が出来た。

これによれば「十一名」は坑口における制止を無視して入坑を果たしたが、組合幹部らによって坑内から昇坑させられ、組合本部に連行されて監禁されリンチを加えられた。さらには警戒に当たっていた警察官は組合の行為を制止しようとしたが果たせず、そこにやってきた機関銃を積載した米軍ジープによって一一人は救出された、ということになる。

組合側の説明では、「罷業団見張員は入坑者に対し入坑中止の勧告をなし、何等暴行脅迫の事実がなかったにも拘らず」、小野田警察署によって組合側の行動が制限されたという。

スト中の坑口に組合側がピケをはっていたとしても、妨害物を構築して坑口を塞ぐようなことはしなかったはずだ。スト中とはいえ、坑内保安のための人員は入坑していたし、巻揚機も動いていた。おそらく、数名の組合員が坑口にたむろし、保安要員以外の者の入坑を制止した程度であったろう。組合旗や赤旗を林立させ労働歌を高唱するなど、多少の示威的な振る舞いはあったろうが。

暴力行為はあったのか、なかったのか。その判定には苦しむところだが、一一月一一日の県労委定例総会で「暴力行為はどの程度ですか」という問いに対して、中立の千々松委員が「あることはありました」と答えていることからみて暴力が振るわれたことは否定できない。

ところで前掲『十年誌』によれば、スト破りと暴力事件が起きたのは九月「十三日」、その事件現場に占領軍ジープが駆けつけスト破り実行者を暴力から「救出」したことになる。しかし、この事件が起きたのは九月三十日であって十三日ではない。おそらく、これは単純な校正ミスかと思われる。スト破りの人数についても「十一名」は誤りで、一二人が正しい。こうしたことは県労委の公文書を丁寧に読めばわかることである。

さらに、占領軍が、大浜にやって来たのは一〇月三日であって、九月三〇日事件当日ではない。また、占領軍はスト破りたちを「救出」してはいない。占領軍ジープは事件の事情聴取のために来たのみである。占領軍が大浜炭鉱の事務所にジープで乗りつけた際には、鉱員や家族たちは怖いもの見たさでジープを遠巻きにし、機関銃を積載したジープの威容に圧倒されたにちがいない。この記憶が増幅し、いつしか占領軍による「救出」という神話へと成長したものであろう。

小野田警察署の介入

一通の匿名書状が山口市の占領軍軍政部のもとに届いた。これがこの事件の発端である。

その匿名書状の内容は大浜争議の実情を内部告発、とりわけストライキに参加したくなく、入坑して働きたいと訴えるものであったようだ。県労委一一月一一日定例総会において岡田県労政課長が、会社は「軍政部に投書して検束させたり、全く遷延策を取って困らせやうとしてゐます」と発言していることからみて、匿名書状は会社側による一種の密告とみてまちがいない。

この告発を受けて軍政部は、「自由意思によって稼働せんとする者を、強制圧迫してその行為を阻止することは出来ない」と指令した。言わば、結果的にスト破りを認める内容とみてよいだろう。占領軍は日本占領以後、労働組合運動の育成に努めてきたが、すでにこのころになるといわゆる冷戦が始まり、社会主義思想の取り締まり、労働運動の過激化を阻止する方向へと舵を切っていたから、こうした指令もありえたのである。

大浜炭鉱の現地では、灰谷労務課長が軍政部の指令をうけて、九月二八日、一二人の鉱員たちにスト破りをしてほしいと持ちかけた。この一二人は「大浜炭鉱に縁ある者」という。将来における優遇をちらつかせたらしい。

その誘いにのった鉱員たちが、二九日夜半に会合して相談し合った。ところが、そのうちの三人が事態の容易ならざるを感じ、身の安全を図ってのことか、事前に小野田警察署に保護を要請した。これにより小野田署の警察官が警戒に当たることになった。ただし、警察官の警戒出張については組合側に知らされないままだった。

九月三〇日午前七時頃、鉱員一二人が見張員の制止をふりきって強行入坑した。同時に前夜から出張していた警察官一〇人ほどが坑口で警戒に当たった。そこで前記のような暴力事件の発生となる。

同日午後三時頃、警察署長は組合本部にて沢田謙蔵副組合長に対し、「入坑者に対し自由を束縛し又脅迫をなした者は検挙する様」との占領軍命令文を朗読して伝達した。おそらく組合側から向けられた疑惑――警察と会社は裏で繋がっている?――を晴らそうとしたのだろう。

それ以後、小野田署の警察官は組合側の行動を「進駐軍の命」として制限することが度々あった。たとえば、一〇月二日、鉱員組合の活動家新垣秋好の妻女が会社事務所に立入ることを「進駐軍の命」として制限した、等々である。

事件から三日経った一〇月三日の午後三時頃、山口市の軍政部から調査員がジープに乗ってやってきた。軍政部調査員は炭坑事務所において入坑者一二人から事情を聴取した。この時、國田次長・灰谷労務課長・佐々木資材課長の三人が同席した。これでは会社側が一方的に有利になると抗議して、組合側も代表者を入室させるよう警察署長に仲介を頼んだが、署長はこれを拒絶した。

この調査の結果、一〇月八日、軍政部は県知事あてに問題解決を要請する文書（下の写真参照）を発している。左掲はその訳文である。

書類番号A―1510
昭和二十二年十月八日
山口軍政本部司令官
ロバートソン少佐
山口県知事宛―山口渉外課経由
日本国民憲法権利容喙ノ件

一、山口県民ガ貴下ヲ県知事トシテ選挙シタ時ニハ、新憲法ニヨリ保証セラレタ各自ノ自由ヲ、貴下ガ守護セラルベシトノ期待ヲ持ッテ居タ

二、小野田市大浜石炭鉱ニ於ケル最近ノ労働争議ノ際ニ、日本国民憲法上ノ権利ガ著シク冒瀆セラレタコトヲ我

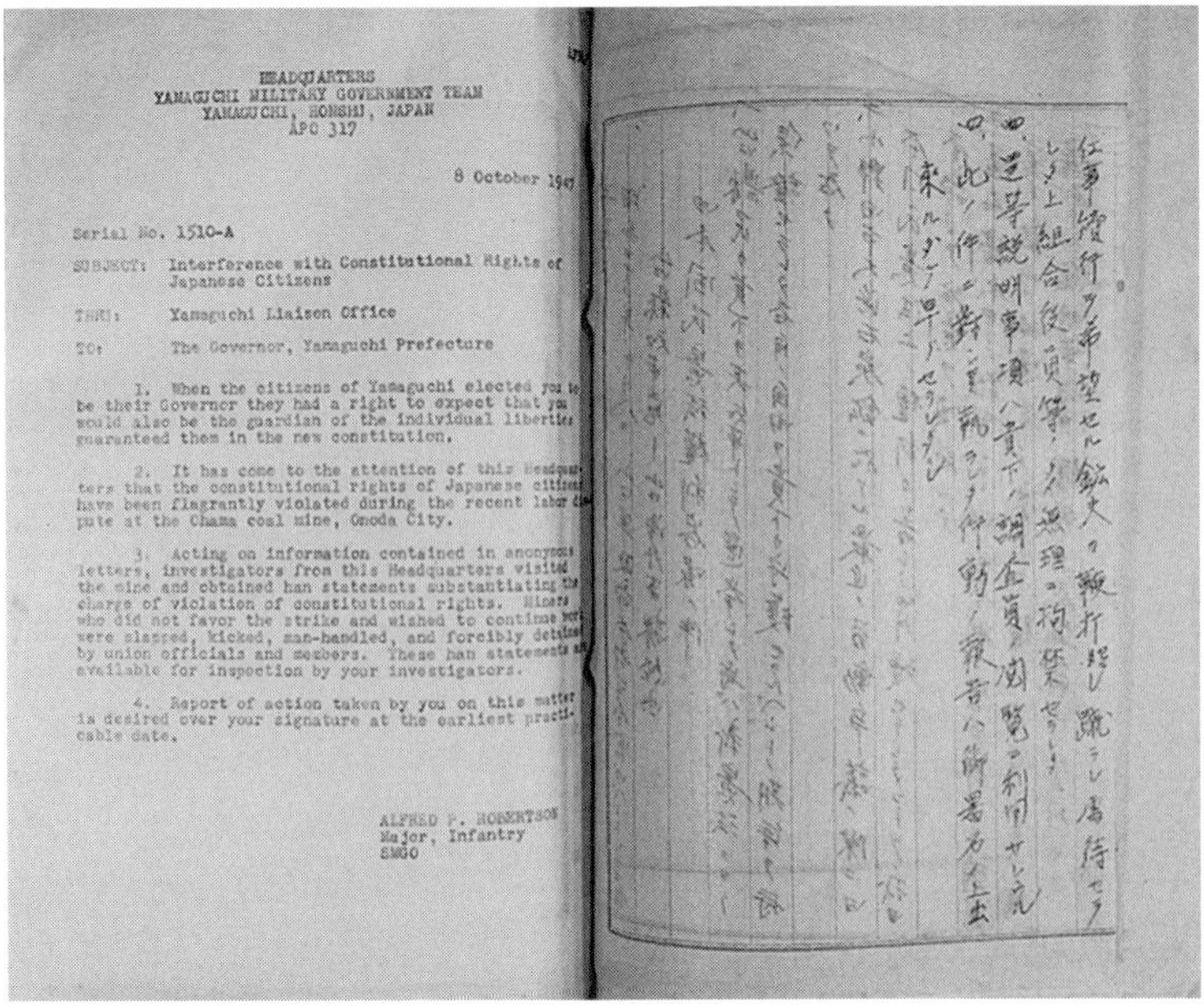

HEADQUARTERS
YAMAGUCHI MILITARY GOVERNMENT TEAM
YAMAGUCHI, HONSHU, JAPAN
APO 317

8 October 1947

Serial No. 1510-A

SUBJECT: Interference with Constitutional Rights of Japanese Citizens

THRU: Yamaguchi Liaison Office

TO: The Governor, Yamaguchi Prefecture

1. When the citizens of Yamaguchi elected you to be their Governor they had a right to expect that you would also be the guardian of the individual liberties guaranteed them in the new constitution.

2. It has come to the attention of this Headquarters that the constitutional rights of Japanese citizens have been flagrantly violated during the recent labor dispute at the Chama coal mine, Onoda City.

3. Acting on information contained in anonymous letters, investigators from this Headquarters visited the mine and obtained han statements substantiating the charge of violation of constitutional rights. Miners who did not favor the strike and wished to continue work were slapped, kicked, man-handled, and forcibly detained by union officials and members. These han statements are available for inspection by your investigators.

4. Report of action taken by you on this matter is desired over your signature at the earliest practicable date.

ALFRED P. ROBERTSON
Major, Infantry
SMGO

山口県文書館所蔵

本部ニテ注意ヲ喚起シタ

三、匿名書状中ノ記事ニヨリ行動ヲ起シ、当本部ヨリ調査員ガ鉱山ニ派遣セラレテ、憲法上ノ権利冒瀆ノ責ヲ證拠立テル説明事項ヲ獲得シタ、全盟罷工ニ賛同セズ仕事続行ヲ希望セル鉱夫ガ鞭打セラレ、蹴ラレ、虐待セラレタ上、組合役員等ノタメ無理ニ拘禁セラレタ

是等説明事項ハ貴下ノ調査員ノ閲覧ニ利用サレウル

四、此ノ件ニ対シテ執ラレタ行動ノ報告ハ御署名ノ上出来ルダケ早クセラレタシ

この軍政部通牒では、大浜炭鉱争議の際に、ストライキに賛成しないで就業したいと希望した鉱員たちが暴力をうけ、組合役員らによって拘禁されたと認定している。そして、この通牒にもとづいて小野田警察署では、暴力を振るったとされる組合員の検束を企ることになる。

会社側の仕組んだ筋書き通りに事が運んだわけだが、それにしても、東京での会談がまとまりかけているその時に、なぜ灰谷労務課長はこんな事を仕組んだのだろうか。その理由がわからない。もしかすると灰谷課長たち重盛所長の側近グループは、東京会談がまとまらないように望んでいたのかもしれない。県労政課長の言うように会社側の遷延策なのであろうか。

第一職組一四人の解職

重盛所長は、第一職員労組の一四人が自分に対して反旗を翻したことに激怒した。前記のように第一職組は、九月二一日、所長に対して引責辞職を勧告したが、即日、職員労組から佐藤溢彦ら三人は除

名宣告をうけた。職員労組はクローズドショップ制をとっていたからこの三人は解雇されたことを意味し、二七日付でこの三人に対して解雇通知文が出された。二九日になると、一一人に対して職員労組から除名通知があり、一〇月二日の鉱員組合大会当日付で一一人に対する解雇通知文が出された。

この一四人に対する首切りは重盛個人の激怒のみが原因ではない。クローズドショップ制をとっているからには、職員労組の意思がなければ解雇は実現しないはずである。

職員労組の除名宣告は組合自身の意思であったが、その意思形成の動機は重盛所長への追従でしかなかったのではなかろうか。後に山口地方裁判所における審理の際に、重盛は「十四名ヲ解雇スル事ハ職員組合幹部ノ要請デアル」と発言している。

ストライキ解除

東京会談において協定が成立した際に、高橋専務は「直ぐに電報を打って、ストライキを中止させてくれ」と組合側に申し入れた。しかし浅江組合長はそれを断り、大浜に帰って組合の決議を経て後にスト中止を宣すると応じた。この時の組合の対応は会社側に不快感として残った。

浅江組合長らが大浜に帰着した後の一〇月二日、鉱員労組は、一二時からまず臨時闘争委員会を開いて協定を承諾するか否かを諮った。この委員会では反対意見が続出した。最終的に意見を集約してみると、協定を承認する者三一人、承認しない者三七人という結果であった。

しかし、執行部は東京会談をまとめてきた以上、後には退けなかった。六時間に及ぶ議論の末、午後六時に緊急の鉱員組合大会を開くことを決議し、一時間後の午後七時から開催した。

この緊急の鉱員組合大会では、東京会談で成立した協定書を承認してストライキを中止するか、協定書を否認してストライキを続行するか、が諮られた。この鉱員大会は荒れに荒れた。「大会々場混乱ス」と組合側文書にみえ、「暴行に及ぶかと思われる程、議事が混乱」したと浅江組合長も後に語っている。

なぜなら東京会談の協定では重盛所長追放は実現せず、また、九月三〇日にスト破りが発生し、それをめぐる騒動を暴力事件として小野田警察署が介入するという事件が起きたばかりのところだったからである。この警察の介入という事態に労働者側の怒りは燃え上がっていたのだ。

さらにまた、第一職組の一四人に対して重盛所長が解職辞令を発したことも、労働者の怒りを増幅させていた。東京会談覚書第三項に関する協定書の第四号「本争議ニ関連シテ犠牲者ハ出サズ」はどこへ行ったのか、と抗議の声が高まった。

鉱員大会の議論は「夜ヲ徹ス」と組合側文書にある。その果てに賛否を確認すると、承認が三〇四人、不認が二五五人であった。これによって東京会談による協定を承認しストライキは中止と決まった。あくまでストライキを貫徹すべしとの意見は根強かったが、組合執行部のスト中止判断は現実主義的対応であった。ストライキによって鉱員家族たちの生活が脅かされている、その現実を執行部は無視できないのである。

入坑式

鉱員大会翌日の一〇月三日一〇時半、会社は従業員に対して直ちに入坑せよと指令した。

前日徹夜の大会でスト中止と決まっただけで、即、翌日から入坑とは誰も考えていなかった。大会の混乱がこうした心の空白を生んだのだろう。そこで鉱員労組幹部はその日は三回にわたり会合を開き、労働者たちに就労してほしいと説得に努めた。その結果、なんとか明日には入坑しましょうということになった。

会社側は一日も早い鉱員たちの入坑を願っていた。生産が一日遅れるだけでも莫大な損害だからだ。そこでこの日、会社は入坑して働いた者には働いただけの賃金を、給料日を待たずして先払いするとの掲示を行った。

一〇月四日朝の八時、組合は闘争委員会を開き、本日一二時を期して入坑式を挙行すると決定。会社へその通知を一〇時一五分に出した（会社によれば一一時二〇分に受け取ったという）。

一二時、組合は予定どおり進発所前において入坑式（就業式）を行った。

入坑式には作業衣を着て集合し、式後直ちに就業するつもりであったが、会社からしばらく待機するように要請された。その理由はキャップランプ用の電池の充電ができていないからという。やむをえず待機を続けたが、結局何の指示もないので自然解散となった。

他方、会社は入坑可となった時点で、その通知をなぜか待機中の組合員には連絡しなかった。その通知は会社側と親しい労働者たちだけに個人的に届いた。その結果として入坑者は若干名しかいなかった。どうやら連絡系統に何らかの手違い（会社側に悪意があってのこととは思えないが）があった模様だが、この事態は組合には会社側による組合の軽視と映り、底流に流れていた会社への不信感と重なった。この状況について池村副組合長が所長に質しに行ったが面会できなかった。結果的に鉱員労組員は四日の日は坑内に入らなかった。

五日から鉱員労組員は入坑したが、どこか釈然としない気分が残り、重盛所長に対しては正面から抵抗する者はいないが、無視する態度に出る労働者が生じた。こうして自然発生的に怠業の雰囲気が醸成されていった。

会社側は、東京協定の締結以後の組合の動きを作業開始の遅延行為、すなわち「生産の阻害」とみなし、組合幹部を批判した。鉱員労組幹部にしてみれば、予想外の成り行きであった。決して組合としては作業開始を遅延しようとしたことはなく、むしろ、腰の重い鉱員たちを石炭増産に立ち上がらせようと努力したのだ、と言いたいところである。

入坑式前後の状況は、些細な行き違いが重なって、誤解が誤解を生む不幸な事態が展開した。その行きつくところは、七八人の組合員の馘首という暴挙である。

Ⅱ　大量馘首と大浜一国社会主義

1　争議の深刻化

専務の悲鳴

東京会談において協定は成ったが、要はそれが忠実に実行に移されたかどうかである。組合側はこれに大いに疑問を呈した。

東京会談覚書の第一項にある高橋専務の現地駐在は、有名無実であった。たしかに高橋専務は大浜にやって来た。しかし、一〇月五日の組合との第一回交渉に出席したのみで、六日の第二回交渉には病気と称して欠席した（國田鉱業所次長が代理出席）。この日、高橋は大浜病院別館に寝ていたが、組合側がそこへ行くと高橋は面会を謝絶し、重盛に交渉を委任すると申し出た。

この権限委任に関して、一一月一一日の県労委定例総会で組合側代表者が、次のような注目すべき発言を行っている。

組合代表者　高橋専務は所長へ全権の委任ではなく委譲です。病気通告の一時間前、別館で、高橋専務と所長と激論し、高橋専務が悲鳴をあげたのを聞いた者があります。ですから委任ではなく、取られたのも同じです。

高橋と重盛の会話内容は不明だが、「悲鳴」が聞こえたというのだから、重盛が高橋を恫喝したのであろうか。権限を重盛が無理矢理強奪したかのようである。翌七日、重盛所長は県労委に対して交渉権が高橋から自分へ委譲されたことを認定するように申し入れ、県労委はこれを断っている。

なお、実権が重盛所長の下へ移ったのは、重盛自身の発言によれば一〇月二四日である。

復興資金九〇万円

会社との交渉はまったく進捗しなかったが、そのなかで唯一組合と会社が合意して実現したことがある。それが復興資金九〇万円の支給である。東京会談「覚書第三項ニ関スル協定書」の第二号に「復興資金トシテ金一封（九拾万円）ヲ支給ス」とあるが、これが実現した。

では、復興資金とはどのようなものか。争議期間中、労働者は罷業していたのだから賃金は支給されない。そこで労働者たちの生活を支えるために、一人当たり一〇〇〇円、総額九〇万円の金銭を会社側が提供したものをいう。鉱員労組側は、一〇月五日の対高橋専務第一回交渉において復興資金支払いを要求した。

ところで、この復興資金支払いに意を注いだのは意外にも職員労組であった。職員労組は、鉱員が生活に困窮するようでは炭鉱自体の運営が難しくなると判断したのか、かつ勤労意欲の高揚のためにもと、一〇月七日、重盛所長に復興資金九〇万円の支払いを働きかけた。

ただし、それには条件を付けた。鉱員労組の組合長が二枚の文書案（一〇月七日付）に捺印すれば支払うと言うのである。その第一文書とは、ストライキ中止と決まったにもかかわらずスト中止の宣言を遷延し、そのため会社や組合員に「多大ノ迷惑」をかけたと謝罪するもの、第二文書は、重盛所長の追放を目的とした争議は「会社人事権ノ侵害ナル故」に全面的に撤回すると約束するものであった。この二文書は職員労組側が用意し、鉱員労組の浅江組合長が捺印すればよいだけになっていた。

この動きを知った橋本勝馬県労働委員（本山炭鉱労組委員長）は、職員労組のこうした動きこそが争議解決を妨げる主因だと指摘し、この二文書案の撤回を求めた。これに対して職員労組は大会を開いて協議したが、出席者が少なく流会となってしまった。

その後で、職員労組側の希望によって、橋本県労働委員立会のもとに、七日から八日へと日が移る深夜零時から会社側と鉱員労組幹部の「手打式」が行われた。この時、重盛所長は先月三〇日の暴力事件に関して、「思い当る所のある者は個人的に陳謝の意を表してくれ。被害者の方からも穏便にすましてくれるよう当局に陳情してもらうから」と発言した。

おそらくこの手打式の席上か直後であろう、浅江組合長、橋本県労働委員、重盛所長、職員労組幹部、この四者の協議が行われた。この協議の結果、浅江組合長は提示された二文書案には署名せず、口頭で以て、次のように述べた。

此ノ度ノ争議ハ重盛所長追放ヲ目的トスルモノナルモ、之ハ協定書通リ、事実上撤回ト成ッテ居リマス。

これによって重盛所長は復興資金九〇万円を贈呈すると約束した。

この浅江組合長の判断は争議の性格を変える重大なものであった。たとえ口頭とはいえ「重盛所長追放」という看板を降ろしたのである。この浅江組合長の判断は労働者の生活の苦境を救うことが、何よりも闘争継続の基盤であるとする実質策といえよう。ただし、一部の左翼青年労働者には不満の種を残したようだ。そのため、この後につづく怠業の遠因となった。

浅江組合長の決断が出されると、直ちに重盛所長は筆をとり、「九月十日ヨリ十月二日ニ至ル間ノ作業日数十八日間ニ対シテ、一日一人当リ五十円ノ計算ニテ、金九十万円ヲ鉱業所ヨリ組合ニ一括シテ贈呈致シマス」との文書を作成し、浅江組合長に手交した。

善は急げということか、時刻は真夜中だったが、会計室にて四者が協議し、八日午後一時までに九〇万円の半額四五万円を組合側に内渡し、残りは一〇日正午までに渡すことが約束された。

一〇月八日正午、組合は前日の約束どおり四五万円を受け取る。重盛所長は残り四五万円の金策のために大阪へ出張した。九日、組合は四五万円の金を組合員に内払いした。世帯主は五〇〇円、独身者は四〇〇円、保護工夫は三〇〇円を渡した。一〇日、組合は残金四五万円を受け取った。重盛の大阪での金策が成功したのだろう。

本争議ニ関連シテ犠牲者ハ出サズ

東京会談覚書第三項に関しては、全六号からなる協定書が作成されたが、そのなかで最大の問題になったのが第四号「本争議ニ関連シテ犠牲者ハ出サズ」である。

というのは、前記のように重盛所長は第一職組の一四人を馘首したからである。重盛ら会社側の言い分は、第四号はあくまで会社と鉱員労組との間の協定であって、職員には適用されないというにあった。

これに対して鉱員労組は激しく抗議し県労働委員会に提訴した。県労委立会のもとで一〇月一〇日からはじまった交渉は長時間に及んだ。交渉の場所は大浜炭鉱倶楽部。会社側出席者は、國田次長、灰谷労務課長、木下本社総務部長。重盛所長は金策のため出張していて欠席だった。その第一回は一〇日午後八時に始まり翌一一日の午前八時三〇分まで夜通し行われ、第二回は一一日午後八時三〇分から翌日の午前三時三〇分まで、これも徹夜で行われた。

とくに第四号「本争議ニ関連シテ犠牲者ハ出サズ」に関して、第一職組の佐藤溢彦ら一四人の馘首は争議に関連してのものかどうか、と確認する問いに対して、最終的に会社側は「間接的ニ関連シテデアル」と答えた。しかし、職員にはこの第四号は適用されないという立場は変えなかった。

一〇月一五日、この日の交渉で県労委の調停委員伊藤正勝・村上卓三・橋本勝馬の三氏から、第四号は「凡そ本争議に関連して惹起されたる事件にその繋りを持つ凡ての人事に及ぶ」ものとの解釈が示され、当然ながら職員にも適用されるべきとの意向が提示された。重盛所長不在中ではあるが、会社側もこれには反対できず会社側解釈の誤りを認め、佐藤溢彦ら一四人の「解雇ハ取消シマス」と言明するに至った。

一六日、鉱員労組大会が開かれ、その席上で國田治男次長は前日の交渉を受けて明確に「解雇ハ取消シマス」と述べ、今後は一切を水に流して互いに協力、増産に励みましょうと結んだ。

ところがこの鉱員大会の席上で思いがけないことが起きた。

小野田警察署の警察官が、組合大会の会場にのりこんで五人の組合員を検束し、連行していったのである。そして翌一七日までに、合計一七人が逮捕された。逮捕の容疑は、前節でみた九月三〇日のスト破りに関連する暴力事件である。

組合員の間に騒然とした雰囲気が広がった。組合大会にのりこんでの逮捕劇は組合に対して礼を失した行為であり、戦前からの「おいコラ警察」の悪弊を継続するとともに、警察が労働運動に対して向ける視線の質を問われても仕方のないものだ。

この逮捕劇に反発してか、あるいは誘発されたのか、鉱員の間に怠業が自然発生した。前記のように組合幹部が復興資金九〇万円と引き換えに「重盛追放」の旗を降ろしてしまったことに対する反発も底流にはあったと思われる。

サボタージュ

怠業とは具体的にはどういう状態をいうのだろうか。職場放棄ではなく、職場にいても仕事をしない、仕事をしてもゆっくりと作業し作業能率をダウンさせる、上司の命令を聞いても聞かないふりをする、等々といったところだろうか。怠業をさす用語として、組合はフランス語が語源の「サボ」(サボタージュ)という語を用い、英語の「スローダウン」は用いていない。

では、大浜のサボはいつから始まったのか。後に重盛所長は大量の組合員を馘首するが、その理由を「十月十二日以降ノ怠業ノ責任者」としており、サボは一〇月一二日から始まったものと認定している。この認定は会社側のサボの把握がこの日からということでしかなく、どうやらサボは九月三〇日の東京協定の締結直後から発生しはじめ、一〇月八日の復興資金受領を契機に次第に拡大し、一〇月一七日の逮捕劇の後に一気に拡大したもののようである。

ストライキ解除に反対し、かつ東京協定の実施に批判的であった人びとが、組合幹部の指導とは無関係にサボに入ったのである。サボ実行者の人数はどの程度のものなのか判明しないが、会社が重大視していることから推して、相当な規模にのぼったのではなかろうか。

このサボは自然発生か、それとも誰かが背後で指導していたのか、そのあたりも不明である。いずれにせよ、「山猫スト」の事態となった。山猫ストとは、組合指導部とは無関係に一部組合員が独自の争議行為をなすことで、組合内部の統制が乱れていることを示すとともに、労使交渉の場をもたないために争議が複雑化する。そのため組合側も会社側も、ともに最も嫌がる事態である。

組合幹部たちはサボについては何も指導していないと言う。だが、会社側はこれを暗黙裡に行われた組合幹部の指導であろうと推断し、また、仮に指導がなかったとしてもその責任は負わねばならないと考えていた。

一一月一四日に県労委において会社側と組合側双方を招いて対決審問が行われたが、その時、浅江民舎組合長は次のように発言している。

浅江　むしろ我々としてはサボをせん動するどころではない、生産に励めと云ったのである。幹部なるが故に責任を問ふと云ふ事よりも、何が故にあんなサボ状態が興ったかと云ふ事を考へて貰ひたい。会社側の不正極まる態度から生じたもので、協定の不履行、十七名（被拘引者）の犠牲者に対する組合員の個々の考へ、同情、会社に対する反感が混ってこの様な形態を生じたのだから、幹部としては会社の言分は心外な事である。それは組合弾圧の方辨と思ふ。

増産闘争声明

一一月一一日の県労委定例総会において大浜炭鉱の組合代表が招致されて発言した。そのなかに一六日鉱員大会における警察による組合員連行に関するものがある。

組合代表者（中略）さうして十五日の晩に今迄の争議の結果、作業状態が非常に悪いから十六日に組合大会を開き、その時鉱員に対し会社側の次長及び組合首脳者が呼びかけて怠業意識を無くさせ、生産意欲を昂揚させ、組合首脳は経過報告をすることに決定しました。所が十五日の交渉で全て争議が解決した様に見えたのですが、大会の席上、小野田署から五名に逮捕状を出し連れて行き、その為に鉱員に不安の念を抱かせました。そして十七日迄に四回にわたり十七名の（先の五名を加へて）者が拘引されました。其の為作業状態が悪くなり組合幹部がすゝめても仕事につかず、各個人々の怠業となりました。そこで二十三日に各社宅の組長以下を集合させて、拘引と増産は別だから、どこまでも我々は増産に進まねばならないと云った所、全員賛成し、声明書を出すことになった。

この発言では、組合は石炭増産をあくまで推進する立場にあり怠業を唆したりしてはいない、むしろ怠業は一七人の逮捕という会社側の策謀の結果であると主張している。

この発言末尾にあるように、組合は権力の弾圧にも屈せず石炭増産を完遂しようとの決意を表明する「声明書」をこの時点（一〇月二三日）で発した。石炭増産は、山猫スト状況を克服するための一手段という意味も併せ持っていたようだ。

声明書

歴史的大浜炭鉱争議モ去ル十月二日ノ大会ニヨリ協定書承認ニ決シ、四日ノ正午坑口ニ於テ堂々入坑式ヲ挙ゲタ。爾来拾日間協定書ヲメグル履行方ニ付キ組合会社間ニ幾度カノ論戦ガ繰返サレタガ、過グル拾五日夜協約ヲ残ス外全部ノ妥結ヲ見、拾六日ノ大会ニ於テ國田次長ノ陳謝ニ依ッテ協定書ニ対スル態度ハ判然トシタ。

組合ガ今回ノ斗争ニ起上ッタ根拠ガ日本再建ノ為メノ産業民主化ニアリ、明朗大浜建設ヘノ斗争デアッタ。今後組合ハ会社側ニ協定書ヲ完全ニ履行セシメルタメ最後ノ努力ヲ続ケ、然シナガラ吾々ハ現下ノ石炭事情カラシテ一日モ早クコウ廃シタ吾等ノ鉱山ヲ建直シ、国民ノ要望ニ応エナケレバナラナイ。

組合ハ二ケ月余ニ渡ル長期斗争エノ団結ノ力ヲ、改メテ明朗大浜建設ヘノ増産斗争ニ結集ショウ。争議ノ為メノ団結ノ力ハ、ソク大浜建設ヘノ増産ノ力デナケレバナラナイ。

全組合員諸君、組合ノ針路ハ何レノ場合ニ於テモ破壊デナク常ニ建設ダ。建設ヘ進モウ、増産ヘ進モウ。全員一丸トナッテ大浜建設ニ驀進ショウ。

昭和二十二年十月二十三日　　大浜炭鉱々員労働組合

増産に励もうという呼びかけは、裏を返せばサボはやめてくれという要望でもある。なお、この組合の声明書には組合員の暴力事件と逮捕については一言も書かれていない。しかし、暴力事件と逮捕という事態への対応でもあったことは、前掲の県労委における発言からも推定される。

2　従業員に告ぐ

七八人就業停止

組合側の増産闘争声明書が出されると、これに対応して会社側は高橋専務による声明書を発した。

声明書

余ハ専務取締役トシテ九月六日ノ鉱員組合トノ第一回ノ会見以来、誠意ヲ以テ本争議ノ解決ニ努力シ来ッタモノデアル。

九月三十日東京本社ニ於テ調停者立会ノ上ニテ円満ナル解決ヲ見タルハ、当時余ノ最モ欣快ト存ジタ所デアル。

然ルニ解決ト同時ニ調停者ヨリ電報ニヨルストライキ中止ノ勧告ガアッタニモ拘ラズ、浅江組合長ハ之ヲ拒否シ、帰山後組合ノ決議ヲ経テ罷業解散ヲ主張セリ。余ハ此ノ言ニ対シ甚ダシク不満ヲ感ジタルモ尚組合ノ複雑性ヲ思ヒ之ヲ諒トシタリ。

然ルニ十月二日午後鉱員組合大会ニ於テストライキ即時中止ノ決議ヲ得タルニモ拘ラズ、荏苒《じんぜん》四日迄ストライキヲ延長シタルハ、全ク組合幹部ノ東京本社ニ於ケル協定ノ本旨ニモトルモノト認メザルヲ得ズ、カヽル事ハ会社ノ責任者トシテ又協定書署名ノ当事者タル余トシテ、断乎其ノ責任ヲ組合幹部ニ問フベキ義務アルモ、尚大浜炭鉱平和ヲ想ヒ、石炭増産急務ヲ思ヒ、忍ビ難キヲ忍ビ更ニ組合幹部ト折衝ヲ続ケ来レリ。

余ハ不幸ニシテ病魔ニ倒レタルモ尚平和解決ノ希望ヲ棄テ得ズ、遂ニハ重盛所長ノ東京出張ノ間ニ於テ病床ヨリ國田次長ヲ指揮シテ組合幹部ト折衝ヲ続ケ、平和解決ニ向ッテ文字通リ必死ノ努力ヲ続ケテ来タノデアル。斯クテ十月十五日全面的ニ組合要求ヲ受諾、東京ニ於ケル協定書完全履行ノ誠意ヲ披歴シタリ。

然ルニ何ゾ、依然トシテ組合側ハ闘争状態ヲ解カズ、特ニ組合員ノ作業状態ハ怠業状態ニ在リ、㈠坑内保安ヲ危険ニ陥レ、㈡復興ヲ阻ミ、㈢石炭増産ニ逆行スル破壊行為ヲ繰返シテヲリ、当方ノ誠意ヲ完全ニ無視シ、協定書ノ根本精神ヲ蹂躙スルノ態度ヲ続ケ、一片ノ誠意スラ認メ得ラレズ、斯クノ如キ状態ヲ見テハ余トシテ現在迄ノ取極メニ付責任ヲ持ツ能ハズ、寧ロ組合側ノ責任ハ国家ノ名ニ於テ、国民ノ名ニ於テ、徹底的ニ追及サレナケレバナラナイモノト確信スル。

余トシテハ断乎トシテ其ノ決意アルコトヲ茲ニ表明スルモノデアル。

昭和二十二年十月二十五日

大浜炭鉱株式会社

専務取締役　高橋　岩太郎

この専務声明には、スト解除の後にも組合側は闘争状態を解かず、怠業状態が続いていると指摘してあり、組合側声明とは相反する内容である。おそらくは、組合側の一部に怠業が発生していたことは事実であろう。しかし、これは組合幹部の意向に添わない山猫ストの状態にあったのである。

この専務声明書が発表されると同時に、驚くべきことが起こった。すなわち、一〇月一二日以来の怠業の責任を問われて鉱員労組の七八人が、就業を停止され自宅待機を命ぜられたのである。一〇月二五日付命令書は該当各個人あてに郵送された。

七八人とはあまりにも多数である。この命令は専務声明書と同時に出されたからには、高橋専務の決裁があってのこと。しかし、大浜炭鉱の実権はすでに重盛所長に移っていたのが実情（二四日に権限委譲）だから、実質的には重盛所長の意見が押し通されたとみるべきだろう。

七八人とは、鉱員労組の幹部をはじめ組合本部に出入りしていたと目されるほとんどすべての人間である。おそらくは、山猫スト状況を打ち破るために、組合指導部はもちろんのこと、指導部に従わない一部活動家全員をも一網打尽に排除してしまおうという乱暴なやり方であった。
なお、第一職組の一四人も引き続き自宅待機とされたままであった。

従業員に告ぐ

右の一〇月二五日付の七八人自宅待機指令書と同日に「従業員に告ぐ」と題する重盛所長の文章が発せられた。

従業員に告ぐ

私は大浜炭鉱の現状が新憲法に依りて保証された自由が存在して居るかどうかに付て、諸君と共に深く考へて見たいと存じます。九月三十日、東京本社に於て高橋専務と組合幹部との間に全き了解が成立し、相互に協定書及び附属覚書を取り交して、争議は茲に公式に全く解決を見たのであります。

然して高橋専務は協定書附属覚書条項により、十月四日本社庶務課長を帯同して来山し、細目協定をなし、組合幹部の満足の下に其の全条項の実行を完了したのであります。然るに突如として十月十二日より、坑内外の一部組合員が怠業の挙に出たるを黙認して、今日に至ってをるのであります。組合長及び幹部に関して、正式指令は発していないと称して居りますが、怠業が行はれてゐる現実に対しては、絶対に其の責任を回避することは許されないのであります。

私が申すまでもなく、公式の争議が解決した後の今度の怠業は、労働組合法の認める正当なる争議行為ではないのであります。一昨日十月二十三日、新聞紙上に発表された片山総理大臣の官公労組に対する警告に於ても、斯る怠業は正当でない争議と見なし、断乎処分することを明かにしてゐるのであります。

斯の様な正当でない怠業は日本の現状から見て許されないことでありますが、元来この怠業といふ争議行為は最も悪辣にして卑怯極まる方法であり、正しき労働組合に於ては深く排斥されてゐます。欧米諸国に於きましては之を「ワイルドキャットストライキ」、即ち山猫ストライキと言って軽蔑してゐるのであります。

又今日我々炭鉱従業員及其の家族が、食糧に於て其の他の生活に於て八千万同胞より遥るかに優遇されてゐる現状よりして、正しく働かずして単に入坑したと云ふ事だけで加配米・家族特配米を獲得しようとするが如き事は、国家窮乏の今日日本国民として最も恥づべき事であり、食糧其の他に於て全力を挙げて好意を与へて居られるマッカーサー元帥及米国民に対しても、顔向けの出来ない行為であると私は信じるのであります。

更に又坑内保安の見地よりしましても、私は鉱業法による大浜炭鉱技術管理者の立場より、此の怠業は絶対に許されない所であります。日本再建の鍵は石炭増産にあると云ふ明確なる事実を前にして、此の度の怠業と云ふ暴挙を敢為として之を黙認したる組合幹部及其の煽動者に対して、私は断乎として責任を問ひ、左記七十八名に対し不取敢《とりあえ》ず其の就業を停止し、家庭に於て謹慎を命じたのであります。

国家の危機を正しく把握して、石炭増産の熱意に燃えてゐる親愛なる従業員諸君！　諸君は現在まで不当なる圧迫に依って、正しい自由なる言動を行ふことが出来なかったのであります。然し諸君、今や此の不当なる圧力は除かれたのであります。諸君は流言飛語に迷されることなく、決然たる態度を持して石炭増産に励まれたいのであります。

これは、怠業による山猫スト的状況は「組合幹部及其の煽動者」の責任だとして、七八人を就業停止したことの正当性を訴える文章である。文末近くに「左記七十八名」の就業を停止したとあるので、右文に引き続き七八人の名前が列挙されているはずであるが、公文書綴りでは欠落している。

組合側の反論声明

この高橋専務声明と重盛所長の「従業員に告ぐ」、この二文書発表と同時になされた七八人就業停止に対して、組合側はすぐさま反論の声明を発した。

声明書

高橋専務の声明書に誠意を持って本争議解決に努力して来たと言って居るが、九月六日の県労委斡旋の調定案を一方的に拒絶し、九月九日計画的に逃走をしたるは組合をして遂にストライキ突入を予議無くせしめた。又十月二日組合幹部が大会に於て協定書を呑むべく努力をして、漸く四日正午に入坑式を挙行した事は、会社は幹部の不誠意を叫ぶより寧ろ感謝すべきだ。

高橋専務が重盛の不法行為に依り病魔に倒れた事実を好機として、覚書の線を逸脱して自己を交渉相手たるべく画策をした。亦十日の國田次長をして全面的に協定書に承認したるにも拘らず、其実施に当りて故意に誠意を示さず、現在スライド制炭価に含まれたる十二%、配給所の改善等、嘘言のみを並べて居り、将来に当って協定書不履行を前提とした組合幹部及其の他有志に対する弾圧をなし、之に責任転嫁をなしたるは全く資本家として労働者陣営の切崩し常套手段である。

吾等は此所に唯一の武器たる団結を強化して、此の斗争に拍車をかけ独裁五六其ノ一派を打倒に邁進しませう。

昭和二十二年十月二十六日　　鉱員組合

急変する事態への対応に追われ、おそらく極めて急いで書かれたものとみえ、文法的にも怪しいところのある声明書である。しかし、この声明書では怠業についての反論はなく、協定の履行についてのみ会社側に誠意がないことを責めている。また、七八人就業停止に対する言及がないのも不思議である。

所長の反論声明

一〇月二六日の鉱員組合声明が出されると、これに対して重盛所長が反論声明を出した。

声明書

先日来数次ニ渉ッテ十数名ノ者ガスト中ノ不法行為ノタメ逮捕サレ、然モ事件ハ益々拡大セントスル傾向ニアリ、私ハカヽル事態ニ対シ真ニ憂慮ニ耐エス八方手ヲ尽シテヰマスガ、今尚今後ノ見透ノツカナイノハ誠ニ遺憾ニ存ズル次第デアリマス。然ルニコノ事ニ付テ一部ニハ、鉱業所ガ事更官憲ニ依頼シテコノ様ナコトヲサセタトノ誤解ガアル由ニツキ、茲ニ真相ヲ明ラカニシタイト思イマス。

スト中個人ノ自由意志ヲ拘束シテハナラナイ、ト注意ガ屢々《るる》占領軍ヨリアッタ事ハ鉱業所・組合共ニ承知シテヰルコトデアッテ、且又自由ナル意志ヲ以テ入坑スル者ヲ阻止セントスル者ニ対シテハ、断固トシテ検挙スベキ旨、占領軍ヨリ警察署長宛命令ガアリ、コノ命令ハ口答ヲ以テ鉱業所・組合双方ニ通告ガアッタ事モ衆知ノ事実デアリマス。

而シテ右命令ニ反スル行為ガ組合ノ誤レル指導ニ依リ行ハレタ事実ガアリ、又ソレハ占領軍幷ニ警察当局ニ依リ取調ヲ受ケタ事実ガアッタノデアリマス。私ハカヽル行為ガ司直ノ手ヲハズラハス結果トナル事ヲ惧レテヰタノデアリマスガ、職員組合員全部ノ希望ニ依リ十月七日午後十二時橋本勝馬氏立会ノ下ニ行レタ組合幹部トノ手打式ノ席上ニ於テ、此ノ点ニ付イテ思ヒ当ル所ノアル者ハ各自各々個人的ニ陳謝ノ意ヲ表シ、被害者ヨリモ穏便ニ取計ラレル様当局ニ陳情シテ貰フ事ガ最善ノ方策デアル旨懇々ト申述べ、又機会アル毎ニ再三注意シタ次第デアリマス。

然ルニモ不幸ニシテカヽル注意ハ組合幹部ノ独断ニ依ッテ握リツブサレ、遂ニ今回ノ検挙トナリ、日本国憲法ニモトルモノトシテ取調ヲ受ケルニ至ッタノデアリマス。巷間「大シタ事デナイノニ事サラニ大キク取上ゲタ」ト反テ人ヲ恨ム傾向ガアルト聞キマスガ、本問題ハ憲法デ保証セラレタ基本的人権ノ問題デアッテ、民主々義社会ヘノ第一歩デアリ、決シテ些々タルコトデハナイノデアリマス。

右ハヨク組合幹部モ諒解シ居ルコトデモアルニ拘ズ、事更ニ争議ノ指導方法ヲ誤リ、事前ニ何等ナストコロナク過シ、今日ノ様ナ不幸ナル事態ニ立至ラシメタコトハ、全ク組合幹部ノ責任デアルト断言シウルノデアリマス。

茲ニ全従業員ノ誤解ヲ解クタメ真相ヲ発表スル次第デアリマス。

昭和二十二年十月二十六日

鉱業所長　重盛 五六

右の重盛所長声明書では、スト破りの強行、それを阻止しようとした組合員の暴力行為、その後の警察による組合員の逮捕という一連の流れについて、会社側が「事更官憲ニ依頼シテコノ様ナコトヲサセタ」という説が流れ、これを重盛は「誤解」だとしている。しかし、この件については「誤解」ではなく、前述したように事実である。重盛個人ではなくとも会社側の誰かが占領軍あてに密告したことが事件の発端であったし、スト破りは会社側の依頼によってなされたものである。

次に、ストに賛成しない鉱員が「自由」を旗印に強行入坑しようとした事実があり、これを憲法に保障せられた自由権の侵害だと占領軍が認めたのは、占領軍はすでにこの時期には共産主義を排斥する意思を強めていたから、こうした通牒も出される情況にあったと理解したい。

この重盛所長声明書は労働組合員七八人を就業停止・自宅待機させると同時に発せられている。七八人の就業停止は「暴力事件」を引き起こすような輩に対しては当然の対応であり、かつ、「暴力事件」もサボタージュも同根だと重盛は指摘したいのであろう。

県労委へ提訴

一〇月二五日に七八人の就業停止命令が出されると、同日午後六時三〇分から組合側は闘争委員会を開いた。翌二六日は午前八時から鉱員大会を開いて経過報告を行った。二七日にも闘争委員会を開いて今後の対策を協議した。

二八日は、この就業停止問題や高橋専務が交渉権を所長に委任した件について、東京本社と石炭庁に交渉するため、浅江組合長と「新垣氏」（秋好か）の二人が上京した。新垣秋好は組合役員ではないが、後述のように共産党員と目され、鉱員組合に隠然たる影響力を持つ人物である。

この日はまた、小野田の労政事務所が実態調査のため大浜にやって来た。さらに、県労委の橋本勝馬委員が重盛所長に面会、就業停止は協定違反ではないかと問うと、重盛はこの問題と協定は全然別個のものであるから手を引いてくれ、と言い返した。

三〇日、組合が高橋専務に面会を求めたところ、病気を理由に拒絶された。更に強く面会を求めると「一切ヲ重盛ニ委任シタ」「重盛ニ逢ッテ呉レ」と言って面会に応じなかった。

三一日、こうした事態の進展に応じて、組合は山口県地方労働委員会に再度の提訴を行った。提訴の内容は、東京会談において協定を結んだにもかかわらず会社側がこれを遵守しないことへの抗議であり、具体的には①高橋専務は病魔に倒れ交渉の場に立てないので、専務の現地駐在は有名無実である、②新労働協約締結へ向けての折衝も、高橋専務は全権を重盛所長に渡したためにまったくなされていない、③「覚書第三項ニ関スル協定書」で協定したこともほとんど実施されず、とりわけその第四号「本争議ニ関連シテ犠牲者ハ出サズ」については、第一職員労組一四人を解雇、その後自宅待機、鉱員労組七八人の就業停止という暴挙がなされ、これについて強く抗議したものであった。

なお、この提訴状に添えられた「副申書」には、入坑停止処分を受けた七八人および第一職組の一四人は「組合ノ幹部並ニ作業場ノ先山《さきやま》又ハ指導者」であって、こうした人びとを働かせないというのは出炭に及ぼす影響が大であると指摘、かつ「全従業員ノ増産意慾ヲ阻害スルコト著シキ」を以て、急速に裁決してほしい旨を願っている。

七六人の大量馘首

会社側は組合側の県労委提訴はどこ吹く風、一〇月二五日に就業停止された七八人のうち七六人を、一一月五日付で馘首した。馘首対象から外された二人は野球部員であることなどが理由である。七六人全員の氏名は判明しているが、本書論述の展開のためには必ずしもそれを開示する必要性はないと考えるので、ここには載せないこととする。

馘首された者七六人の内訳は、委員長・副委員長・常任委員・会計監査以上幹部役員が八人、これに委員が八人、計一六人、および役員・委員ではない組合員が六〇人、総計七六人である。なお、組合役員でありながら馘首されなかった者は一六人で、その内訳は有田好徳委員（前委員長）とその支持者、中間派、および女性委員三人である。会社側は組合委員を一人ひとり点検し、馘首する者としない者を区別したようだ。

組合役員・委員ではないのに馘首された六〇人は、おそらく活動が目立った人たちであり、その中には共産党員と目されていた人もいたようだ。新垣秋好と義雄の兄弟は共産党員と見られている。弟の義雄は青年部のリーダーでもあった。馘首された者の中に青年部関係は青年部長・同副部長・同書記長および同部委員が含まれていたが、正確な人数・氏名は判明していない。しかし青年部が集中的に狙われた可能性は否定できないだろう。

七六人の馘首は、協定第四号「本争議ニ関連シテ犠牲者ヲ出サズ」の明らかな違反であると思えるが、会社側の言い分は違う。東京協定は八月二〇日に始まった争議を対象として結ばれたもので、争議は一〇月四日を以て終結しており、今回の馘首は一〇月一二日以後のサボに対する処分であるから東京協定は適用されない、と。また、昨年九月一〇日に組合との間に結んだ労働協約は有効期間が「締結ノ日ヨリ満壱ケ年」となっており、すでに有効期間を過ぎている、とも言うのである。

組合側はこれに猛反発、とくに後者は折衝の任に当たるべき高橋専務が病気に倒れたために労働協約延長の交渉ができなかったのであり、こうした場合は前協定が自然延長されて当然と主張した。

県労委への追提訴

たまりかねた組合側は、解雇通告の翌日（一一月六日）、またも県労委へ追提訴を行った。このたびの馘首は「労働組合法第十一条並ニ労働関係調整法第四十条ニ違反」であるから、法令に則って処置してほしいという願いであった。

この追提訴は、七六人の解雇は組合活動を理由とした組合員の「不利益ナル取扱」（不当労働行為）であるとして、その是正を求めたものである。参考までに労働組合法（旧法）第一一条と労働関係調整法第四〇条を掲げておく。

（労働組合法）

第一一条　使用者ハ労働者ガ労働組合ノ組合員ナルコト、労働組合ヲ結成セントシ若ハ之ニ加入セントスルコト、又ハ労働組合ノ正当ナル行為ヲ為シタルコトノ故ヲ以テ其ノ労働者ヲ解雇シ、

其ノ他之ニ対シ不利益ナル取扱ヲ為スコトヲ得ズ

（労働関係調整法）

第四〇条　使用者は、この法律による労働争議の調停をなす場合において、労働者がなした発言又は労働者が争議行為をなしたことを理由として、その労働者を解雇し、その他これに対し不利益な取扱をすることはできない。但し、労働委員会の同意があったときは、この限りでない。

一一日、すでに年度当初から予定が組まれていたからだろうが、ストライキ中にかかわらず、会社は運動会を開催した。沈滞した空気を少しでも払い除ける効果はあったかもしれない。これに対抗したのか、組合側は演芸会を開催して組合員に慰安を与え、かつ会社への示威か、総同盟の山口県連合会大浜争議対策委員会を大浜の地で開催した。

一三日には、県労委が実態調査にやってきた。彼らは会社側・組合側の双方から聞き取りを行ったが、両者の言い分があまりに違うので、翌日、両者を山口市に招致して双方を立ち合わせて聞き取りを行うこととなった。

同日、会社側は解雇者に対して解雇手当を支給すると通告したので、組合は「右解雇ハ労働組合法第拾壱条ニ違反セル不法解雇ナルニ付、解雇ト認メズ」として解雇手当受け取りを拒絶した。また、同時に左記の檄文を発した。

檄

労働委員会ハ会社ヲ組合法第拾壱条並ニ労調法第四拾条違反デ告発スル事ニ決定シタ。吾々鉱員組合ノ主張ノ正シサガ確認サレタ！　第三者ノ正シキ判断ハ下サレタ！

労働委員会ハ去拾壱日ノ総会ニ於テ、協定ニ違反シ労働協約ヲ蹂躙シ七拾六名ヲ馘首シタ会社ヲ、労働組合法第拾壱条違反トシテ告訴スルコトニ決定シ、本拾参日ソノ証コ蒐集ニ来所サレタ。明拾四日ニハ会社・組合各参名ヲ山口ニ招致シテ更ニ証コ蒐集ガ続ケラレル。組合代表ハ正シキ主張ヲ堂々ト陳述シテ来ル。

組合ノ正義ノ主張ガ通リ、大浜ニ明朗ナル日ガ来ルノモ遠クナイ。

組合員諸君！　団結ヲ固メテ一日モ早クソノ日ガ来ル様ニ、最後ノ努力ヲシヨウ。

組合法第拾壱条、労調法第四拾条違反ノ場合ハ禁錮六月以下。

拾壱月拾参日　　　　労働組合

その後の第一職組

解雇された第一職組の一四人について、その解雇を鉱員大会席上で國田次長が取り消したのが一〇月一六日。その後の第一職組について、ここでまとめて書いておこう。

解雇取り消しをうけた一四人は、一〇月一九日から就業した。ところが二四日になって所長室に集合を命ぜられたので待機していたが、会社側の何かの都合で翌日に延期。翌日、所長室に集合したところ、重盛所長は、今回の争議における一四名の行為は「不ラチ極マル」と述べ、「何分ノ沙汰有ル迄自宅ニ於テ待機セヨ」と命令した。一四名の就労は重盛の鶴の一声によって取り消され、自宅待機に逆戻りしたわけである。

三〇日、自宅待機中の一四人に給与は支給されているのか、と県労政課から問い合わせがあると、即日、一〇月分の給与が支給された。それから約一カ月後の一一月二〇日、今度は自宅待機中の一四人と鉱員労組の馘首者七六人に対して、会社は主食の配給を停止した。

主食の配給停止は人道問題である。そこで二三日、配給停止の件について所長と交渉が行われた。所長は解雇した者に配給を停止するのは当然だと答えたので、第一職組の一四人は解雇取り消しになっているはずなので、その点について質すと、所長は「人事ノ決定権ハ鉱業所長重盛デアル」、たとえ専務の決断であっても「所長ノ了解ナキ場合ハ不認」と答えた。

「では十九日から二十四日まで六日間我々は就業したが、これは解雇された者が就業したことになりますね」、「二十五日には所長室で我々に自宅待機を命令しましたよね、どうして解雇した者に命令したんですか」、さらには「三十日には給与の支払いがありましたが、これもおかしくはありませんか」と、重盛の論理の矛盾をつく質問が出されたが、重盛は「そういう事を言った覚えはない」とか「あれは退職金として払ったのだ」と支離滅裂であった。

こうして交渉は決裂した。一一月二五日の給料日に給与の支給はなかった。しかし、おそらく県労政課あたりから警告されたのだろう、二八日には会社は主食の配給停止を撤回した。かつ、同日に主食の配給を行い、一一月分給与の支給を通知し、翌日に一一月分給与を支給した。

3　組合側の経済的諸要求

鉱連と炭協の協定

大浜炭鉱争議は所長追放を目指すという希な争議であったので、当時、とても有名であった。たとえば西部石炭鉱業連盟編『十年誌』は、「この事件は余りにも有名」「全国的に注目をあびた」と書いている。

だが、争議は所長追放だけを目指すものではなく、やはり労働条件の改善を求める闘争であった。だからさまざまな経済的要求の実現を組合として目指すことを忘れたわけではなかった。

さて、東京会談において決定した「覚書第三項ニ関スル協定書」（九月二九日付）の第一項は、「四月…六月スライド制増賃金ノ件」、「七月以降ノ炭価ニ含マレタル一二％増賃金ノ件」、および「無償酒ノ件」以上三件について、会社は「鉱連ノ線ニ副ヒ善処ス」と応えていた。この条項を理解するためには若干の予備知識を要すると思われるので、以下に説明する。

一九四六（昭和21）年六月に、山口地方における炭鉱経営者の連合組織として山口石炭鉱業連盟が発足し、大浜炭鉱株式会社もこれに加盟した。大浜炭鉱の重盛五六所長はその理事の一人となっている。約半年後の同年一二月一七日、各地の石炭鉱業連盟が統合され全国組織として日本石炭鉱業連盟（略称は鉱連）を発足させた。だが、このとき逆に大浜炭鉱は鉱連を脱退している。

脱退の理由は、当時、中央政界で大もめにもめていた炭鉱の国家管理法案について、鉱連が反対の立場に立ったのに対して、重盛所長の大浜炭鉱は国管賛成の意思を表示したことにある。炭鉱を自由主義経済の枠外として国家が管理しようという構想はいわば社会主義的な政策であるが、これに賛意を表明するというのは当時の経営者としては珍しいと言わねばなるまい。

鉱連脱退に際して、大浜炭鉱は「会社は企業の社会化を行ひ、独自の立場で自由に独歩する」と声明を発した。大浜炭鉱という会社自体が「社会化」するという宣言は、「大浜一国社会主義」建設の道を歩むという決意表明でもあった。

他方、炭鉱労働者側は全国組織として、一九四七（昭和22）年一月に炭鉱労働組合全国協議会（炭協）を結成した。前年には日本労働組合総同盟（総同盟）の鉱山部門として日本鉱山労働組合（日鉱）や左翼的とされた全日本炭鉱労働組合（全炭）が成立していたが、中立系労働組合が中心となって組織されたのが炭協で、この炭協が全国組織としては当時最大であった。

山口県内の炭鉱労働組合の連合組織としては、一九四六年五月八日に山口県炭鉱労働組合総連盟（県炭連）が発足した。山口県内の各炭鉱労組の全国組織への加盟については複雑で、一九四七年に、本山炭鉱、小野田炭鉱、若山炭鉱、等々の各労組は全日本炭鉱労働組合（全炭）に加盟した。同年、大浜炭鉱々員労組は日本鉱山労働組合（日鉱）に加盟した。

労資の賃金交渉は各労組個別に行うのはもちろんであるが、四七年には鉱連と炭協との間で団体交渉が行われ、いくつかの協定が結ばれた。その一つとして、鉱連と炭協は、四月一日より九月末日までの期間につき、増産を目的として六億円のスライド制賃金支給について協定を結んだ。その六億円の原資は鉱連傘下の各炭鉱から拠出されることになっていた。

その協定では、七月以降、炭価（当時、炭価は国家が決定する統制炭価であった）に含まれる賃金分を一二％増とする新賃金体系をとることとなっていたから、全国平均一人当たり金二七〇円の増賃金となる。そのための原資（拠出金）六億円は、三回に分けて各炭鉱に割り振られた。大浜炭鉱への割当金は、第一回の四月・五月分四四万六〇〇〇円、第二回の六月・七月分は四四万六〇〇〇円、第三回の八月・九月分は未定であった。ただし大浜炭鉱は鉱連から脱退していたから、この割当金を拠出したとは思えないが。

スライド制増賃金

問題は大浜炭鉱が鉱連に参加していないことにある。鉱連と炭協がいくら協定を結んだとしても、本来的には大浜炭鉱はそれとは無関係であった。だが、現実には組合側は、大浜炭鉱株式会社も鉱連と炭協の協定に右へ倣《なら》えして、スライド制増賃金を採用し、かつ七月以降は炭価に含まれる賃金分を一二％増とする新賃金体系をとるように、と要求したのであった。戦争終了後の物価騰貴はすさまじく、その騰貴分にスライドさせて労働賃金を上げることは当然のことであった。

八月二〇日経営協議会の議題として挙げられていた「六月分賃金差額請求ノ件」とは、鉱連と炭協が協定したスライド制増賃金に倣い、その差額が四月分と五月分はすでに支払い済みであったが、六月分については未払いであったので、組合としてその支払いを要求したものである。

その後、一〇月一〇日の交渉において、前掲の東京会談「覚書第三項ニ関スル協定書」第一号については以下のようにまとまった。

㋑スライド増賃金ノ件
鉱業連盟ニ入ル事ヲ前提トシテ融資ヲ受ケル様手続ヲスル為、十月十一日午前九時ヨリ連盟ニ赴ク事トス
㋺無償酒ノ件
無償酒代金総額ヲ配給当日ノ職員鉱員成年男子数ニ応ジ按分比例シ、職員鉱員両組合ニ分配ス
実施期日　昭和二十二年十月十四日午前中トス
㋩七月以降炭価ニ含マレタル一二％増賃金ノ件
昭和二十二年十月二十三日支払フヨウ努力スル、尚本件ニ関連シ会社ノ資金状態ヲ十月十二日午前七時説明ス、尚説明ノ為必要ナレバ会社ノ帳簿ヲ呈示シテ説明ノ材料トス

この交渉では、組合側の要求は基本的にほぼ容れられたと理解できる。「鉱連ノ線ニ副ヒ善処ス」と東京会談「覚書第三項ニ関スル協定書」の第一号にあるのは、大浜炭鉱が鉱連未加盟だとしても鉱連の線に倣うことを意味した。ただし、実際に実施されたのは「㋺無償酒ノ件」のみである。㋑と㋩については、重盛所長は、大浜は鉱連を脱退しているからこの二件については無関係と突っぱねた。東京本社の戸張会計課長はなんとか算段しようといったが、地元では「無い袖は振れぬ」といって三〇日になっても支払われなかった。

一二月一二日、組合が右につき支払方を申し入れたところ、重盛所長は、馘首された組合幹部には

交渉権がないと言って交渉に応じない。そこで組合は新委員を七名選出して一二月一四日にようやく交渉にこぎつけた。

その交渉の場で重盛は、スライド金として鉱連から降りてくる金は一人当たり四〇〇円くらいしかなく、鉱員たちが生活に困っているだろうからと、「青年男子千円、保護坑夫五百円」を会社が貸してやろうと提案した。口は悪いが意外にも温情的なところが重盛にはあった。

すると組合側から「七十六名の馘首者にも当然支給されるのでしょうね」と質されると、

重盛　俺をボイコットし告訴した者に一文でも払へるか。新憲法が無ければ彼等を八ツ裂にしてもあきたらない。矢原、お前は近頃又組合に出入りしてゐる様だが、又組合に野菜沢山とか書いてゐるが、お前も加担してゐるのだろう。お前も首を切ってやるぞ。お前が今日来た事が組合のお先走りであれば一文も金は出さない。又お前達も首にするぞ。

と相変わらずの回答であった。一〇〇〇円の返済方法については、スライド金が全部届いた時点でその中から差し引くとした。結局、この交渉においても「㋑スライド増賃金」の支払いについては、何の進捗もなかった。だが重盛は、「スライドの金が欲しければ新しい組合の幹部を作って来い」と言い、さらに「炭労の今度の千五百円が年内に来れば此の千円から差引かずに皆に渡してやる」と付け加えた。

この「炭労の今度の千五百円」とは「㋑スライド増賃金」とは別個のもので、一〇月以降の状況変化を踏まえないと理解できない。一九四七（昭和22）年一〇月に炭協は内部対立が激化し、炭連（日本炭鉱労働組合総連合）・日鉱（日本鉱山労働組合）が脱退、この二者が中心となって炭労（日本炭鉱労働組合同盟）が結成された。この炭労が炭協とは別の交渉単位として、鉱連との間に一〇月以降の賃金交渉を行うようになっており、一〇月・一一月の増産準備金と一二月以降の生産奨励金について協定を結んだ。重盛はこの炭労から降りて来る金を越年資金とすることを認め、労働者の増産意欲向上に役立てようとしたのだ。

だが、重盛所長は馘首者には一文も出さないという。この交渉が行われた時期は、鉱員労組が七六人馘首をいわゆる不当労働行為として地労委に提訴し、これをうけた地労委が検察庁に告発し、一二月初めから山口地方裁判所での審理が行われていた時期と重なっている。重盛所長の「俺をボイコットし告訴した者に一文でも払へるか。新憲法が無ければ彼等を八ツ裂にしてもあきたらない」という言葉は、組合憎しの感情が最高潮に達していたことを示している。

なお、重盛の「スライドの金が欲しければ新しい組合の幹部を作って来い」という言葉は、第二組合結成への呼び水と読みとることもできよう。

一二月一四日の交渉後、進展がないと見込んだ鉱員労組は県労委あてに以下の嘆願書を提出した。

歎願書

去ル拾壱月六日貴労働委員会ニ当大浜炭鉱労働組合幹部其ノ他七拾八名不当馘首ヲ提訴イタシマシタ。以来相変ラズ一般鉱員ハ全面的ニ現在組合幹部組織ヲ認メテ居ルニモ拘ズ、会社側ハ組合幹部ハ従業員デナイト言ヒ諸問題ノ交渉ヲ一切拒絶シテ居リマス。

然シ乍ラ当大浜炭鉱従業員モ長キ闘争ト年末ヲ前ニ生活ノ不安ヲ感ジ、既得権デアルスライド賃金ヲ請求スベク拾弐月拾弐日拡大委員会ヲ開キ、スライド賃金処理委員七名ヲ選出、拾弐月拾参日*、四月以降九月迄ノスライド制賃金ノ交渉ニ当ッタノデアリマス（スライド金処理委員七名ハ正従業員中ヨリ選出組織シタルモノ）、之ノ交渉タルヤ会社側ハ組合幹部ノ指示ニ依ッテ来タノデハ交渉ニ応ゼヌ、各職場代表ヲモッテスライド制賃金ノ内借リニ来イ、ソウスレバ応ジルト申シ、組合ノ自主性ヲ蹂躙シ、自己ノ已性《ママ》ニ依ッテ七名ノ組合交渉委員ヲ否認シタノデアリマス。吾々組合モ去ル拾弐月拾日ニ、日本炭鉱鉱業連盟ト炭鉱労働組合同盟トノ間ニ協定サレタル、拾月拾壱月ニ対スル増産準備金、及拾弐月以降増産ニ対スル生産奨励金ニ対シテモ、至急経営者ト協議決定ノ要求アルニモ拘ズ、会社側ガ之ノ情態ヲ続ケルナレバ、組合ノ運営ハ停止シ、組合内ハ混乱シ、イタズラニ鉱員ヲ窮地ニ入レ、石炭増産ヲ阻ミ、国家再建ヲ妨害スル恐レガ有リマスノデ、速急ニ正式交渉ノ出来マス様貴労働委員会ニ於カレマシテ御取計ヒヲ御願ヒイタシマス。

至急協議決定スベキ事項　（各炭鉱決定ズミ）

一、拾月拾壱月ノ増産準備金ノ分配方法
一、拾弐月以降生産奨励金獲得ノ為、労資労働協約締結（非常石炭増産対策要綱）ノ線ニ副フ協定書
一、各炭鉱責任出炭量割当ニ対スル労資経営協議会

昭和弐拾弐年拾弐月弐拾日

大浜炭鉱鉱員労働組合
組合長　浅江民舎 ㊞

山口県労働委員会

委員長殿

＊文中「拾弐月拾参日」とあるのは、十二月十四日の誤りかと思われる。

かくするうちに、一二月二六日、山口地方裁判所で重盛五六は罰金五〇〇円の判決を受ける。労働組合側の勝訴であった。

無償酒など

一九四七年四月一二日、中央において鉱連と炭協が、増産意欲の向上を目的として、炭鉱労働者に清酒を無償で配給する協定を結んだ。前年の八、九、一〇月と今年の一、二、三月を比較して、総出炭量および一人当たり出炭能率の上昇比率の平均が一〇％以上の炭鉱に働く労働者（一九四七年三月末日現在の在籍者）に対し、平均一人当たり清酒一升を無償で配給するという協定である。

大浜炭鉱では労働者はこの無償酒の配給を受けなかった。組合側はその理由を質すために八月二〇日の経営協議会で「労務者用無償酒ニ関スル件」を議題として出した。これに対する会社側の回答は、「大浜炭鉱は鉱業連盟を脱退しているから、連盟から何の通知もない」というものだった。

その後の交渉において無償酒の件が出されたが回答がないままのところ、一〇月一〇日の交渉で、結局現物ではなく代金を会社が支払うことになった。どうにも腑に落ちない話であるが、「朝日新聞」一九四七年一一月一三日号（西部版）に、「政府無償配給酒の会社側流用を認め、これを金で組合員に払い戻す」と東京協定で決まったという記事もあり、どうやら真相は会社側が無償酒を何かに流用してしまったことが原因らしい。当然のことながら会社はその代金を支払わなくてはならない。

一〇月一四日午前中、無償酒代金総額を職員・鉱員成年男子数に応じて按分比例し、職員・鉱員両組合に分配された。

ついでに、その他二、三の問題についてここで触れておこう。

争議の発端となった八月二〇日経営協議会に、議題として組合側は要求事項を羅列して提出したが、その第一が「鉱員合宿直営ノ件」である。これはたぶん独身者寮（青年寮）に関係するものかと思われる。戦時中、大浜炭鉱には連合軍捕虜の収容所があったが、敗戦後にその建物は独身者寮として使用された。たぶんその建物は「鉱員合宿所」ともよばれていたのであろうが、それを鉱員組合が直営にしたいと要求したものであろう。

だが、独身者寮には共産党細胞が秘密裡に存在し、かつ組合青年部の根城でもあると会社はみなし、組合側の「直営」要求を拒絶したものと思われる。

八月二〇日経営協議会の組合側提出議題の第五は「労働協約疑義ニ関スル件」である。

組合側の言う「疑義」とは、労働協約第八条に「本協定ハ締結日ヨリ満壱ケ年間ヲ有効トス」と定められており、その改定問題かもしれない。あるいは、労働協約付帯協約書第五条「定例協議会ハ毎月一回、下旬之レヲ開催スルモノトス」が守られていないことが問題視されたのかもしれない。

こののち争議が長引き、労働協約改定の期日が来ても改定は行われることがなかった。その場合は前年の協約がそのまま引き継がれるのか、断絶するのか、組合側と会社側で意見が分かれた。

八月二〇日経営協議会の組合側提出議題の第六は「盆会休中仕繰突貫作業ニ対スル協力者ノ特典付与ノ件」である。盂蘭盆会《うらぼんえ》の間、大浜炭鉱では盛大に盆踊りが催され、「炭坑節」に合わせて着飾った男女が群舞した。激しい労働の合間のささやかな慰安であった。しかし、この盆休み中も働かなくてはならない人たちがいた。ここでは仕繰方《しくりがた》が突貫作業をしていたらしい。仕繰とは掘進方《くっしんがた》が坑道を掘り進んだあと、支柱を立てるなどして坑道を整備し維持する業務である。坑道維持は炭鉱にとっては生命線であり、とりわけ大浜炭鉱は海底炭鉱であるから、出水事故への警戒は厳しいものがあった。したがって、盆休み中も坑内に入っていた人びとに対して特典を付与せよ、と組合が要求したものであろう。

配給所問題

鉱員労組が県労委に初めて提訴した時、その提訴状の最初に配給所問題があげられていた。配給所問題は組合成立以前から継続してきた問題であり、労働者とその家族にとって極めて身近で重要な問題であった。

大浜炭鉱の鉱員社宅のちょうど真ん中あたりに配給所はあった。配給は戦時中にはじまったものだが、敗戦後の混乱期にその機能を全開させた。戦後の混乱は配給制度なしには克服できなかったはずである。

配給所で配給されるものは、主食の米が第一であったが、ほかに塩・醤油・味噌などの調味料、マッチや電池などの生活必需品であった。年月が進むにつれて配給に依存する度合いは減っていき、配給所では衣料、靴、日用品などを販売するようにもなった。いずれにせよ昭和二〇年代の大浜炭鉱労働者にとって配給所は日常生活のための重要施設であった。

一九四六（昭和21）年一月一三日に鉱員労組（組合長は有田好徳）が結成された際に「綱領」が掲げられたが、その第四に「一、我等ハ食糧ノ補給源タル配給機構ノ改善ヲ要請ス」とある。炭鉱労務課の下部に配給所が設けられ、労働者の生活のために生活物資を配給する任務を担ったのだが、主に物資の不足が原因して住民とのトラブルが多発していた。配給所問題は組合設立以前からの問題で、組合設立と同時に、その改善を目指す取り組みがはじまったのである。

組合と会社が配給所問題を解決するために、配給所の運営に関する規約を作成したのは一九四七年二月一四日の経営協議会においてであった。このときの組合長は浅江民舎で、前組合長有田好徳の時からの懸案を一応解決したといえる。

この規約では、配給委員会とは「従業員及其家族ノ生活状態ヲ改善スルタメ、生活用品ノ獲得并適正ナル配給ヲナスヲ以テ目的」（第一条）とするもので、配給所の行う次の三点の事業に参与するものと定められている。その三点とは、「1生活用品ノ購入。2生活用品購入ニ関シ諸官庁并ニ統制団体等ニ対スル折衝及陳情。3特配生活用品（含、町内会配給）ノ配給」（第三条）である。

この委員会には「会社側代表一名（鉱業所長）。職員組合代表二名。鉱員組合代表八名」（第四条）の委員が置かれていた。その人数内訳は鉱員数・職員数に比例するものと考えられる。会社側代表一名（鉱業所長）が委員長となると定められ、副委員長は委員の互選で一名を選出することになっていた（第五条）。鉱員労組委員長の浅江民舎は副委員長となった。副委員長の任務は「委員長ヲ補佐シ、委員長事故アル場合ニハ代行ス」（第七条）というものである。

県労委への提訴状では、会社側が規約を無視して会社側に都合のいい一方的措置を実行し、組合員の福利を阻害していると訴えた。その具体例として、第七条に委員長が事故ある場合には副委員長がその代行をするとなっているのに、副委員長（浅江組合長）の存在を無視し、所長腹心の部下である労務課長や会計課長に実務を委任していることを挙げている。重盛所長は不在のことが多いので、組合側はその不在を「事故アル場合」とみなしての議論だが、会社側はその意見を黙殺した。

鉱員やその家族たちの配給所に対する不満の最大のものは、その営利主義、いわゆる儲け主義であった。配給品以外の一般用品を市場価格よりも高値で販売したり、物品の入荷の際に、利益や分量が少ないことを理由に入荷を見送ったりした、等々である。

配給所の最重要任務は主食の配給であるが、七月一六日以降八月一〇日までの間、政府指令により石炭増産を目的とした炭鉱労働者向け加配米を配給しないとか、ストライキで処分を受けた家庭には主食の配給を絶ったりして、会社側の立場に立ったことも不評を招いた。

こうしたことから配給所問題に関する組合側の要求は、以下の三点に集約された。

イ、経営者の独断的経営を民主的に改め、一般鉱員の福利を中心目的として経営する様措置すること
ロ、右のため現行配給委員会規約を改正すること
ハ、現配給所の責任者たる多田正氏は責任をとること

鉱員労組のストライキは占領軍の意向に従い東京会談において妥協が計られたが、その際配給所問題に関しては「善処スル」と会社側が約束した。具体的には「協定書ノ線ニ沿ヒ重盛所長帰任後三日

以内ニ自主的ニ配給所主任ヲ転職サセル」と決定したのだが、会社側はこれを実行しなかった。配給所問題が最終的にどのように決着したか定かではない。

4　重盛五六という人物

その経歴

本書は小説や物語ではなく歴史書のつもりであるから主人公といったものはいない。とはいえ、どうしても中心に置かざるをえない人物がいる。それが重盛五六である。

その強烈な個性によって、労働者の敵ともみなされるが、他面、温情ある一面も秘めている。また、その思想は「大浜一国社会主義」を唱えるなど、戦時中の統制経済や国家社会主義の残り滓《かす》を棄てきれない人物でもある。

重盛五六は、一九〇七（明治40）年三月一六日に重盛二三四の五男として生まれた。どうやら五六という名前の由来は、父の二三四を継ぐ者との意がこめられているようだ。出身は長野県下伊那郡伊那町である。

重盛五六は、高等学校は旧制山口高等学校（現在の山口大学）で学んだ。大学は九州帝国大学工学部に進み、一九三三（昭和8）年三月、その採鉱学科を卒業した。

卒業後は安川財閥系の明治鉱業に入社、傘下の各鉱業所に勤務した。その間、中国の華北や満州（現在の東北）など各地の炭鉱を視察して技術をみがき、かつ経営の現実を学んだ。

一九四三（昭和18）年には山口県小野田市の大倉財閥系の大浜炭鉱々業所の所長に招かれた。重盛が招かれた理由は、当時、経営の悪化していた大浜炭鉱を再建することにあり、重盛の手腕がそれを可能にした。

炭鉱経営の理想

大浜炭鉱に労働争議が起こる直前ともいえる一九四七年五月九日の「防長新聞」は、以下のような大浜炭鉱に係る記事を掲載している。

小野田大浜炭鉱を探る
理想、革命的炭鉱へ—搾取なき融和の職場

石炭国家管理案は遂に政争の焦点に立ち至るまで展開して、国民に大きな関心を訴へているとき、理想、革命的炭鉱として石炭増産の難題を遂行したいという悲願に燃え、所長以下全従業員同志の□いも堅く結束して、救国増産に火花を散らしている小野田市の大浜炭鉱を訪ねてみた。

朝の四時には山の舎宅から事務所に出勤して、時間の許す限り毎日坑内に入り、石炭を掘る技術を坑内夫に教えながら、自分もピックハンマーを握って採炭に黒い汗を流している重盛五六氏は、九大採鉱科出身の若い技術者である。

山高在学中から何でも人を要素とする仕事に、自分の一生を打ち込んでみたいという希望をもっていた所長は、土木か炭鉱かの二つの道に迷ったが、遂に企業の六〇%は労働力によらねばならぬ

といわれる石炭掘りに、捨身の覚悟で飛び込んだという。

九州の明治鉱業を経て大学卒業後十年にして、大浜炭鉱の所長として招かれたのが、今から五年前である。当時、大浜炭鉱はなまけ者揃いという芳しくない定評のあった中に、敢然としていばらの道を切り拓く開拓者としての信念をもって、ぶっつかっていった。

重盛所長がもつ炭鉱企業に対する一つのイデオロギーに、事業として石炭を掘るのが主目的ではないというのがある。炭鉱従業員及びその家族を幸福にするために石炭を掘るのである。そこで全従業員がスクラムを組んで努力をする。その結果利潤があればそれを炭鉱の文化施設につぎ込む。厚生福利の施設がよければ住みよい山として生活の安定感をもって働く。そうして石炭が多く出れば結局それが国民のために最もよい使途となるのだという。

今日、炭鉱の鉱員に勤労意欲が出ないということの一つに搾取がある。それは資本家の搾取だけではない。むしろ政府の搾取にある。ということは石炭の単価が安いということだ。安いから文化施設などへの金は出ない。坑内の整備も出来ぬ。昔から「納屋」といわれているみじめな鉱員住宅。何の慰安も娯楽もないさくばくたる山の生活に、どうして勤労意欲が出よう。

戦時中五千万ﾄﾝの石炭が出たのは、軍と官をバックにして鉄のムチを使って酷使した結果が、あの数字だけの出炭量となったのである。酷使というのは単に肉体的労働ばかりではない。政府は本年三月迄、坑内五十円、坑外三十円以上の賃金を払うべからずと厳しいワクを作っていた。これが酷使でなくてなんであろう。昨年行われた電産ストでは平均千九百円、十五、六の小娘でさえ二千円近い収入を獲得したではないか。

それでは我大浜炭鉱では、最近どの位の出炭成績を上げているか。坑区は七万坪、現在すでにその五〇%の千六百メートル位を掘っているということだ。会社の創立は大正七年だが、開鉱は昭和十二年である。現在の従業員は九百人で、その内五百五十人が坑内労務者である。

	(出炭量)	(稼働数)
二十一年		
一〇月	二〇七〇トン	八二八名
一一月	三八四二	八三七
一二月	四〇〇四	八四六
二十二年		
一月	五〇一〇	八六一
二月	五二五四	八四五
三月	五五三七	八四九
四月	六一一七	八九五
五月	七〇三八	九一〇
六月	六〇四六	九五〇

六月は断層にぶっつかったため低下しているが、昨年十月以降は月々上昇の一途にある。しかし昭和十七年の一カ月一万七千トン出炭の頃に比較すれば約三分の一である。その代り稼働人員も当時は千五百人位はいたという。いま大浜では一カ月一人が八トンの採炭量だが、年末には十トン、ポンプ、コンプレッサー、炭車などが整えば来年は十五トン掘り出す自信は十分あるという。

最近七十五馬力のポンプを二台購入したが、その一台で古い百五十馬力のポンプの働きを悠々とりょうがしたということだった。このように資材が提供され、従業員の勤労意欲さえ高揚される方策をとれば、どこの炭鉱にしても石炭は出ないことはないという。

大浜炭鉱は大倉鉱業会社の経営になるものだが、四百万円の株は従業員がもっている。それで利潤余じょう金は従業員に分配されるから、ここでは資本家の搾取はない。この炭鉱など、幹部ほど多く働くという。その心情に従業員が自然についてきたわけで、□く時代的な一つの行き方であろう。賃金なども、他の炭鉱が坑内平均百八円だがここは百三十円、坑外六十五円が七十七円である。

革命的な炭鉱経営に成功しつつある重盛所長の、国家管理に対する現場責任者の立場としての意見も堂堂一貫したものがあり、なお食糧難を石炭によって解決する実際的な抱負も聞くことが出来たが、ここに詳しく述べるだけの紙数を与えられていないことを非常に残念におもう次第である。

右の記事にみえるように、重盛五六は机上空論の人ではなく、率先して現場に出て指揮するタイプの経営者であった。よくある世間の経営者像と比べたとき重盛五六の姿は感動的ですら有る。その重盛五六は炭鉱技術者としても日本最先端を歩む人であったが、炭鉱経営に関しては一種独特の思想の持ち主であった。右記事中にも「事業として石炭を掘るのが主目的ではない」「炭鉱従業員及びその家族を幸福にするために石炭を掘るのである」云々と語られている。

従業員の株式保有

右記事中、少し理解が難しいのは、大浜炭鉱では「四百万円の株は従業員がもっている。それで利潤余じょう金は従業員に分配されるから、ここでは資本家の搾取はない」という部分である。しかし、こうした状況は実現しておらず絵に描いた餅でしかない。
一方、組合側の文書には、「重盛五六氏は大浜一国社会主義なるものを標榜、会社が制限会社としてその株式が証券処理委員会に付託せられて居る事を好機として、社長及専務を有名無実のものとして専横を極め」云々とみえる。当時は、いわゆる財閥解体の最中にあり大倉財閥も解体されようとしていた。その保有する株式は証券処理委員会に委ねられ、大浜炭鉱も制限会社とされていたが、これを好機として重盛所長は社長や専務を抑えて、大浜炭鉱経営を自己の目指す方向へ導こうとしていたようだ。これすなわち、大浜一国社会主義であり、その一つの具現目標が全従業員による持ち株会社の構想であった。「宇部時報」一九四七年八月二七日号「社説」に、以下のような記述がある。

問題は経営者の独裁にあり、外部に宣伝されている大浜は鉱員全部が株主であるということは実現されていず、労組側は「この全従業員の持株案は従来のままであったなら、これは独裁の具に供するためのもので、決して民主化をねらってのものではない」という。
大浜の経営者の国管賛成も経営者の独裁に箔をつけるための賛成で、決して、炭鉱の民主化による増産を意図としてはいないものであるともいう。

会社の株式を全従業員が保有するという構想は悪いものではないが、現実には実現していなかった。もし鉱員たちが株主であれば、あれほどの大争議は起こりはしなかった。四〇〇万円の株は、おそらく重盛や職員たちの幾人かが持っていたにすぎないのだろう。

重盛の理想すなわち大浜一国社会主義は、重盛の個性というか独裁的経営が災いして、労働者の支持するところとはならなかった。

大浜一国社会主義

重盛の大浜炭鉱経営思想、すなわち大浜一国社会主義とはどのようなものか。

一国社会主義とは世界革命が達成されなくとも一国だけで社会主義建設が可能だとする立場のことで、スターリン指導下のソ連は一国社会主義の立場をとっていた。おそらく大浜一国社会主義とは、日本国が社会主義化することがなくとも、大浜炭鉱の地においては社会主義的理想郷を建設しようとの意思表明であろう。推測をのべれば、敗戦後に重盛は戦時下の自己の炭鉱経営が社会主義に似た側面があったことに気づき、自己の炭鉱経営を一国社会主義になぞらえるようになったかと思われる。ただし、重盛五六が思索的な人物だったとは思えず、「大浜一国社会主義」といった理論化は彼自身にはできなかったかと思える。おそらく重盛の腹心の部下であり、かつ優秀なブレーンであった資材課長・佐々木繁夫あたりの案であったかもしれない。

佐々木は争議中に重盛所長擁護のために「従業員諸君に訴へる」と題する文章を発表した。この佐々木の文章は重盛五六の人間像を知る上で、かつ、「大浜一国社会主義」なるものの構想について、また争議に際しての会社側の考え方について、具体的に知ることができるものなので、以下に長文ではあるが全文を掲載する。

従業員諸君に訴へる

佐々木 繁夫

今回の紛争に就いて私は公正な立場に於て、所長に対して職を賭して指導方法の民主化を要望する故、斗争の目的を差当り「所長のやり方の民主化」に於かれたい事を労働組合幹部に御願し、斗争の結果どうしても所長がこの点を改めない場合、初めて所長の全面的否認即ち追放の実現に向って斗争されたいと申し出ました。所長の指導方法の民主化に対しては私は最善の努力をなし、又自分の職を賭してやればその可能性もある旨説明しました。

其の後所長よりの悲壮な電信は更にその可能性を深めたにもかゝはらず、私の申出も所長の「帰る迄待て必づ善処する」の依頼電信も一笑に付し、いきなり外部のあらゆる勢力に対し連絡をとり、斗争のための斗争へと輿論をかきたてつゝある組合幹部の行動に対し、従業員諸君の冷静なる批判に訴へるのであります。

一、重盛所長の経営理念である大浜一国社会主義の理想は絶対に正しいと信ずるが故に、この点に就いては従業員諸君の全面的な支持と協力あるものと思ふ。

二、所長は従来本社より取締役就任方を再三求められたるも、大浜炭鉱に於ける取締役は従業員の中から、即ち鉱員労働組合及職員労働組合より共に選任せられなければ受諾しないといって拒んで来たのである。この事実は今日迄一般に発表せられなかったけれども、所長の気持は従業員の幸福のためにといふ経営方針を遂行して行くには、自分一人が重役となったのでは、どうしても資本家の利潤に奉仕するといふ経営方針に陥り易い惧れがあったからである。

この辺の苦衷に就いて従業員諸君の理解を求めたい。

三、現在迄山口炭田全資本家に対し社会主義的構想を以て斗争し、遂に圧迫孤立せしめられるに至った事実は、全労働大衆のために悲しむべき事態といはなければならない。諸君の後押しなくしては所長の努力と熱情もこれ以上の効果は奏し得ないことを、冷静に考へていたゞきたいと思ふ。
四、生れながらのはげしい熱情と十数年間の体験に基く優秀なる採炭技術を、困難なる大浜の坑内にぶちこんだ情況を、従業員諸君は日夜目のあたり見て来たはずであり、この命をかけた悲壮な努力を、今回の感情に基いた事件によって一切抹殺してしまふことは、石炭増産の叫ばれている今日、国家的に考へても余りに惜しいことではあるまいか。
　国家の危機が要求しているものは、かゝる情熱の人ではあるまいか。一部過激分子の云ふ様に強制労働に追ひ立てるための手段であると逆宣伝することは、余りにも侮辱であり、之れでは所長としては全く浮ぶ瀬のない悲しい極みではあるまいか。
五、所長は理想実現への過程に於て、又運営の面に於て、経営の能率化の観点より、自分の編み出した正しい案を一方的に押しつけた嫌いあるも、これは優秀なる採炭技術者としての所長が経営技術者として尚未熟なることを意味するのであって、この点よき補助者の言を容れて、運営の面に於いても民主化の道を進ませなければならない。尚最善の努力をすれば賢明なる所長にこの用意あることは明らかなことである。東京よりの電信、又これを裏書きするに充分であると思ふ。
六、生来の燃え上る情熱は稍々《やや》もすると作業指導上に於て蛮声等の行き過ぎあるも、之は職場規律の維持と仕事熱心さの余りほとばしるものであって、極端ならざる限りさして気にすべきものではない。それは憎悪の念から来るものではないからである。しかし人間もやはり感情の動物であって見れば、余りはげしく叱られゝばかっと腹の立つもの故、今後従業員諸君を余り刺戟するが如き言動は能ふ限り慎んで貰ひ、のび〳〵と仕事に励まれる様もって行きたい。この点御安心願ひたい。

七、従業員労働組合幹部は当鉱組合は御用組合なりとの批難を受け、組合運動の弱化を来たしたと称するも、之れは所長の経営理念が企業の社会化にある以上、組合の向ふべき方向と当然一致することから来る錯覚であり、寧ろこの経営理念に自主的に協力することこそ労働組合の真の健全なる発展過程と信ずる。過「（この部分一行は原本の綴じ目に当たっていて読めず）」しかしながら世上の偏狭成る労働組合が云ふ如く、利害の相反する対立物の存在を前提とし、相反撥する斗争過程を以て組合の強化であると考へるならば、これも亦現在の労働事情の許に於ては一つの見方であるかも知れないから、全従業員諸君の自主的理解のある迄、経営理念の転換を行っても差しつかへないと思ふ。

八、所長追放といふことは、現在の制度の下に於ては斗争の宣伝効果の手段として用ひられる以外は成り立たない事であり、斗争目的として之れを強行することは経営権の侵害と云ふ不法行為と解すべきであらう。かゝることが許されゝば一般に経営権の安定は期せられないからである。尤もソ連邦の如く工場委員会制度であれば、工場長の進退は従業員の総意で決せられる法的根拠を有するも、日本の現制度に於ては残念ながら尚そこ迄社会化されて居ない。又所長が激情の余り自分の進退を従業員の総意に問へと言明したとすれば、それは甚しき考へ違ひにして、経営権の冒瀆であり、日本全経営者の名に於て之れの撤回を求めなければならない重大失言である。常識ある諸君の真意も斗争目的がこの点にあるのではなく、経営面及従業員の指導方法の民主化を要望しているものと解する。

九、近時民主化を害するもの丶一つに、労働組合幹部のボス化と無責任な煽動分子の暗躍が指摘されているが、我が大浜炭鉱に於ては今回初めてかゝる傾向が現れ、所長の不信任を問ふ重大な組員大会にいきなり一方的結論にもって行くが如き煽動的方法をとり、剰へ外部より煽動弁士を続々介入せしむる等、民主々義的な最良の方法であるべき無記名投票の手段を取らざりしことは、曽て軍閥が無理やりに善良なる国民の輿論を戦争にかり立てたのと相通ずるものがある。

一〇、以上九項に就いて従業員諸君の批判に訴ふ。我れ死も恐れず。

佐々木が右の文章を執筆した時点は、たぶん八月二六日の職員労働組合の総会前後であろう。八月二〇日に経営協議会が決裂、翌日に鉱員労組は緊急大会を開き、重盛所長の不信任を議決し、大浜炭鉱争議の火蓋が切られたが、ちょうどその頃重盛所長は出張中で不在であった。しかし、所長不信任決議は出張先の重盛にも知らされ、重盛は八月二四日、出張先より電報を従業員あてに発している（三二頁参照）。右文中に「所長よりの悲壮な電信」とあるのはそれを指す。

他方、職員労組のなかから鉱員労組に同調する者が出たため、その引き締めの意をこめて職員労組の総会が二六日に開かれた。佐々木資材課長の「従業員諸君に訴へる」は、鉱員のみならず職員をも念頭に置いての発言であり、二六日の職員労働組合の総会前後と推断するゆえんである。

佐々木は重盛が非民主的だという指摘についてはそれを肯定しつつ、大浜一国社会主義の実現を訴える。そのためには労働者の支持が必要だと熱っぽく語りかけ、所長追放については会社の経営権（人事権をふくむ）の侵害だと明確に打ち出して組合側に反論し、更に闘争中の組合の問題点として組合幹部のボス化と一部の過激分子の存在をあげている。

さて、文中の一、二、三項は重盛の経営理念である大浜一国社会主義についての言及である。第一項では、重盛の大浜一国社会主義を佐々木は「絶対正しいと信ずる」とし、従業員の「全面的な支持と協力」は当然との姿勢をとる。第二項では、重盛の「従業員の幸福のためにといふ経営方針」を遂行するためには従業員の支えがあってこそ可能とし、それがなければ「資本家の利潤に奉仕する」ことに堕してしまうとして、重盛の大浜一国社会主義論を補完している。第三項では、大浜炭鉱は山口炭田の他の炭鉱経営者とは「社会主義的構想」で対峙したため「遂に圧迫孤立せしめられるに至った」という。これは大浜炭鉱の石炭鉱業連盟からの脱退を意味する。その「社会主義的構想」というのが大浜一国社会主義論である。

重盛の大浜炭鉱経営は市場原理にもとづく資本主義的なものではなく、社会主義的色彩を帯びていたものらしい。それは対労働組合の視点でいえば労資協調主義と相似たものと思われるが、むしろ労資協調というより労資一丸とか労資一体とでも呼んだ方がよいもののようだ。これがスターリンのごとき独裁を肯定する基盤となったのであろうか。

当時、労働運動において工場管理闘争が展開される向きもあり、これに経営側は警戒感を隠さなかったが、大浜炭鉱においては社会主義的な思想の持ち主である経営者が労組の支持を得て、会社を管理運営していこうとしたようだ。「大浜一国社会主義」という語は、そういうものと理解できよう。

一部過激分子

だが、重盛所長やその随従者たちの思惑とは別に、労働者たちは重盛の経営に反発した。

重盛の経営哲学ともいえる「大浜一国社会主義」について、組合は次のように総括している。

毎日新聞に重盛は炭鉱国管賛成の論文を寄稿して居り、大浜一国社会主義を口に唱へるので一見民主々義者のやうに思はれるが、右の論文の論調にも明らかに労働組合を無視した国家社会主義（ファッショ）であって、ここに彼の独裁の思潮的根拠がある。

このように鉱員労働組合は、重盛たちの大浜一国社会主義を「国家社会主義（ファッショ）」と断定しソッポを向いたのである。なお、毎日新聞に重盛が載せた論文については未確認である。

さて、佐々木繁夫の文中には「一部過激分子」とか「無責任な煽動分子」とかの語が用いられているが、これはおそらく共産党員を指しているものと思われる。たとえば、「宇部時報」一九四八年六月九日号の社説「策に倒るな」は組合内部の「過激分子」への対応について論じたものだが、そこでは「無理な要求を掲げて破壊的な革命の基礎を築かんとする人々」と定義し、暗に共産党員だと示唆している。

昭和二〇年代初頭には新左翼もまだいないし、右翼も鳴りを潜めていた時期で、穏健な左翼は社会党、急進的な左翼は共産党、といった程度の大雑把な捉え方が行われていたころである。鉱員組合の初代委員長・有田好徳は社会党系だったが、それに代わる第二代の浅江民舎組合長は共産党系であったかどうか、明確になしえない。しかし、鉱員労組の幹部中に、あるいはその背後に共産党の影が見え隠れする。少なくとも会社側は共産党の指導と見込みをつけていたようだ。山口地裁に提出したサボはなかったとの鉱員証言中には、馘首について「あれは思想が悪いからしたのだ」と現場係員が答えた事例もある。同じく、「就業停止者は怠業と言ふ事で無くシソウ（赤）でした」ともある。

「一部過激分子」に関しては、鉱員労組と重盛たちとの間に根本理念の対立がみえている。労資の階級対立は本質的なもので階級闘争によって止揚する以外にこれを克服する道はないとする考えに立つ「一部過激分子」は、大浜一国社会主義を虚構だと切り捨てるのであろう。「一部過激分子」が重盛の大浜一国社会主義を「強制労働に追い立てるための手段」とし、かつ「国家社会主義（ファッショ）」と論評したことは、重盛たちにはどうしても納得できないことであったろう。

重盛とその支持者たちは果たして自己の考えの虚構性を自認していただろうか。お目出たいとの嘲笑が浴びせられるとしても、彼らは本気でそう考えていたようだ。

もう一つの一国社会主義論

前記のようにスターリン指導下のソビエト連邦が一国社会主義をとなえたことはよく知られているが、これとは別に、もう一つの一国社会主義論がある。一九三三（昭和8）年、日本共産党の幹部・佐野学と鍋山貞親が獄中で「転向」し、それ以後二人は「一国社会主義」を提唱したとされる。

この二人の提唱した一国社会主義論とは、一国すなわち日本がアジアの労働者の先頭に立って社会主義を建設するというものである。ただ、この一国社会主義論は日本のアジア侵略を前提とした立論であり、日本国内においては戦争遂行のための諸政策——国家総動員法にもとづくさまざまな戦時体制——を追認していく躰のものであったから、国家社会主義の範疇に含めてもよいかと思われる。

重盛五六による大浜炭鉱経営の哲学は戦時中の大浜炭鉱経営のそれを引き継いでおり、しかも、佐野・鍋山の一国社会主義論を、高踏的な理論ではなく、足元の企業経営において具現しようとしたものではなかろうか。もちろん、戦後の民主主義社会に適合するように修正は施していただろうが。

ところで佐野・鍋山の提唱した理論ともなれば、日本共産党がこれを評価するはずもなく、必ずや批判し、その具現化実践を阻止しようとしたに違いない。大浜炭鉱における「大浜一国社会主義」建設の実験的取り組みが始まると共産党は一も二もなく、これを阻止しようとしたことだろう。

大浜炭鉱労働争議の目に見えない根っこが、実はここにあるのではないかと思われる。鉱員労組の初代組合長・有田好徳をひきずりおろし、第二代組合長に好漢・浅江民舎を押し立てて、未曾有の大争議を始めた真の主体は共産党員たちではなかったろうか。

ただし、以上のことについてはまったく実証できておらず、ここではその可能性を提示するだけのことである。

*参照　高畠通敏「一国社会主義　佐野学・鍋山貞親」(『共同研究　転向』所収、一九七八年、平凡社)、福家崇洋「一国社会主義から民主社会主義へ──佐野学・鍋山貞親の戦時と戦後」(京都大学『文明論講座』所収、二〇一三年)

五六の孤独

鉱員たちの反撃にあって苦しんだ重盛五六の本音がもれてくる文書がある。それは一九四七(昭和22)年一二月一五日付で重盛が中央労働委員会あてに提出した文書である。そのころ山口地方裁判所で審判を受けていた彼は、地方労働委員会でも彼の主張は却下され孤立感に陥っていたのであろうか、地労委を超えて中労委へ自己の主張を提出する挙に出た。

昭和二十二年十二月十五日

大浜炭鉱株式会社鉱業所

所長　重盛　五六

争議の妥当性に付て御判定御願の件

（前略）五年前大浜炭鉱が採炭技術上の失敗と大断層に災わされて完全に行きつまった際、私は其の生れ乍らの情熱と十数年の体験に基く採炭技術をもって悪条件と取組み、今日遂に二五回切羽より一ケ月七千瓲の生産を築き挙げ得る実証と確信を得ました。然もそれは一週五日制の下に行われ一人当り一ケ月約九瓲の出炭量を示したのであります。

そして一方私は経営技術者として営利の衝動のみに導かれて行われた従来の資本主義的経営理念を修正し、企業の独立計算体としての性格を維持し乍らも、従業員の幸福を経営理念の一つに大きくクローズアップさせて、これが実現にその情熱と努力を捧げて来たのでありまして、斯かる経営者こそ労働者にとって好ましき存在であり、強力な味方でなければならないと確信していたのであります。実際前労働組合長指導時代は、全従業員は右の方針を支持協力して呉れたのであります。従って労働条件も宇部炭田中高位にあって、大浜炭鉱は住み良い炭鉱だとの定評さえあったのであります。

斯くして断層は征服され、七千万頓の宝庫に初鍬が入れられ前途に大きな曙光を見出した瞬間、似而非民主主義を要望する一部過激分子は命令なき規律なき職場を要求して、その進路を阻まれたのであります。即ち職場規律に厳格なる鉱業所長は彼等一部の者にとっては好ましき存在でなく、彼等の野望達成のためには追放しなければならなくなったのであります。
即ち

㈠八月二十日第十四回経営協議会席上に於ける単なる言葉上の感情問題をとらへ、経営責任者である鉱業所長の追放を唯一の争議目的に揚げ、他に労働条件に関する要求を一切呈示しないで争議状態に入り、九月十日より九月三十日まで無意味な同盟罷業を行ったのであります。

本争議は世上往々見られる如く先ず合法的要求の呈示が先行し、其要求貫徹のため側面的宣伝効果をねらって付随的行為として経営者の退陣を叫ぶ場合とは全然趣を異にし、会社の最高人事権の侵害のみを唯一の目的として行われた争議であったのであります。

㈡そして争議手段に於ても争議団は多数の木剣に依って武装され、不法デモ、暴行脅迫等が行われたのでありまして、これ等の中特に顕著悪質なもの十七名は遂に体刑を以て処罰されたのであります。

㈢更に長期に亘りたる致命的打撃のため組合員の生活は極度に低下し、経営者の最善の努力にも拘らず其回復は見透し困難となっております。

従って本争議は労働者の生活向上にとっても又日本経済の興隆のためにも破壊的結果を招致したのであります。

大体以上の性質を持った争議でありますが、若し本争議がその正当性を認められたならば、今後労組の経営権への強力な干渉は続出し、全国経営陣壊滅への第一歩を意味する重大事と考えますので、一大浜炭鉱と云う立場を超えて、全国的な観点より本争議に対して公正なる御判定を賜り度いと存じます。

（『中央労働時報』第六一号、一九四八年五月一五日）

重盛は嘆く。自分は営利優先の資本主義的経営理念はよくないと考えるから、それを修正した経営を行おうと意図してきた。しかも会社としての採算はとれるようにしながら「従業員の幸福を経営理念の一つに大きくクローズアップさせて、これが実現にその情熱と努力を捧げて来た」。「斯かる経営者こそ労働者にとって好ましき存在であり、強力な味方でなければならない」はずだ。自分は労働者にとって好ましき存在であったはずだ、それなのに……。

重盛五六の大浜一国社会主義は、重盛の一人よがりとして労働者からソッポを向かれた。これが現実であった。

技術者重盛五六

重盛五六社長の後をうけた今泉耕吉社長は、前社長の重盛について次のように語っている。

「重盛君ともポン友で、よい男だ。ドイツのカッペ式採炭法を日本ではじめて採用したのが彼だヨ。研究がすぎて大切な方が伴わなかったのが惜しかったが……、ともかく再建の見通しがついたのも事実のところカッペ採炭に負うところが大きかった。」

（「防長新聞」一九五三年七月七日号）

「大切な方が伴わなかった」というのは、経営が下手で大きな労働争議を招いてしまったことを指している。しかし、技術者としての重盛の優秀性について今泉は太鼓判を捺している。重盛が優秀な技術者であったことは、西部石炭鉱業連盟編『十年誌』に「重盛所長は独創的進歩的な人であった」と評されていることからも知られる。

とりわけその技術者としての名を高めたのが、鉄柱の使用とカッペ採炭の日本最初の実施である。鉄柱の使用とカッペ採炭はドイツにおいて開発された新技術で、それを日本に導入することに成功した最初が大浜炭鉱であった。傾斜生産方式により増産の要求が最高潮に達していた当時にあって、日本における炭鉱採炭技術革新は鉄柱とカッペの採用によって一段階上ったといってよい。

炭鉱技術者として名高い石炭綜合研究所・浅井一彦が、坑道に鉄柱を使用するドイツの技術を日本でも採用したいと考え、その現場実験を引き受けてくれる炭鉱を探していたところ、大浜炭鉱の重盛所長が実験を引き受け、一九四八（昭和23）年三月から現場試験が行われた。その結果、鉄柱の優秀さが実証され、大浜炭鉱はそれ以後鉄柱を使用し、日本で最初の鉄柱使用炭鉱となった。

鉄柱が成功すると次は梁の部分を鉄化することが目標となる。鉄梁の使用によって「払面無支柱切羽」が実現し、それにより機械化採炭が可能になる、いわゆる「カッペ採炭」の導入である。カッペとはドイツ語のカッペ kappe、英語ではキャップ Cap である。一九四九（昭和24）年一二月から大浜炭鉱でカッペ採炭の実験が行われた。幾度かの失敗を乗り越えて実験は成功し、大浜炭鉱は日本最初のカッペ採炭実施炭鉱となった。

この大浜炭鉱における鉄柱およびカッペを導入した新採炭技術は高く評価され、技術者浅井一彦と重盛五六の二人は、一九五五（昭和30）年に全国炭鉱技術会より第一回全国炭鉱技術会賞（「鉄柱及びカッペ導入と普及とによる採炭技術の革新」）を受賞した。

＊草野真樹「第二次大戦後におけるわが国石炭産業の技術導入―炭鉱技術者浅井一彦と財団法人石炭綜合研究所の活動に焦点をあてて―」（九州大学石炭研究資料センター編『エネルギー史研究―石炭を中心として―』第一七号、二〇〇二年三月同センター刊）
江淵藤彦「大浜炭鉱に於けるカッペ（鉄梁）採炭」（『中国炭鉱技術会誌』第三巻第二号、一九五一年六月一五日発行）

五六、大浜を去る

重盛五六社長が大浜炭鉱を去ったのは、争議終結より約一年半後の一九五〇（昭和25）年八月である。「防長新聞」八月一九日号は左のような小さな記事をのせている。

重盛社長辞職―大浜炭鉱遅払事件

既報＝小野田市大浜炭鉱株式会社の一千百万円にのぼる賃金遅払事件は小野田労基署がさきに書類のみ送達、一方同社長重盛五六氏（44歳）は遅払の責を負うて、十五日佐々木、戸張、灰谷の三重役に事務引継ぎを終って正式に辞職、一七日夕刻東京に帰った。

「一千百万円にのぼる賃金遅払事件」とはどのような事件かわからないが、大浜炭鉱はいつも資金繰りに困っていたから、それに関連した事件の一つであろう。あの大争議は重盛五六社長自身の心にも大きな傷を負わせていたにちがいなく、重盛は刀折れ矢尽きた感あっての辞職のように思われる。

III　第二組合の結成とハンスト

1　山口地方裁判所の判決

重盛・浅江の対決

一九四七年一一月一四日、組合側・会社側、双方の代表者が山口市に所在する山口県地方労働委員会（県労委）に出頭した。

前日、県労委伊藤局長が現地大浜に出向いて事実調査を行ったが、会社側・組合側、双方の言い分に大きな相違があるため、事実確認のため双方の代表者を招いて対決させたものである。その会場は山口県燃料配給林産組合の一室が使われた。出席者は、会社側から重盛大浜炭鉱々業所長、佐々木資材課長、灰谷労務課長、組合側からは浅江鉱員組合長、池村副組合長、それに重枝琢己日鉱教育部長も参加した。県労委事務局として伊藤局長、増見幹事、書記六名が列席した。

午前一〇時に開会。冒頭、伊藤局長がこの対決審問の主旨を説明。つづいて、高橋専務が昨日帰京したが、これでは東京協定を会社側が遵守していないことになる、さらに本日の会議に専務代理として國田次長が出席するのが当然であるのに彼が出席していない、と苦言を呈した。なお、会議の途中で國田次長欠席の理由を質すと、重盛所長は「貴方達の処へ来るよりはまだ重大な仕事がある」と応答し、自分自身も「止むを得ずやって来た」と県労委を愚弄するかの言を吐いた。

本論に入ろうとすると、佐々木資材課長が「労委は公正中立的な立場でやって貰えるんですね」「今までのような一方的な資料に基づいて、予定された目的に誘導しようというのではないでしょうね」と確認を入れた。会社側は、県労委が組合寄りであり中立公正ではないとの認識に立っていた。これに応えて局長が中立公正は当然との考えを示した。

続いて局長が労資交渉の経過を確認しようとすると、重盛所長が「そうではなく、解雇の理由をのべよう」と切り出した。局長はこれを制止したが、重盛は強引に解雇理由について語りはじめた。

所長　解雇の理由は、第一、悪質な職務怠慢、第二は、職場規律の破壊（係員の指揮に服せず）暴言を以て答へる。第三は、生産の阻害（生産開始の日を遅延せしむ）、第四は、労調法三十六条違反、工業生産の警察規則の精神に反し、第五は、争議が終了したにも拘らず闘争の意志を捨て切らない。かゝる悪質の煽動者をやとってゐる事は将来大浜炭鉱の破滅を来す。第六、かゝる者は正式指令に基づかないとしても組合幹部の責任は回避されず、指導者の中には暗に計画的に怠業を誘導した点がある。第七、労働組合法本来の使命を理解せず、組合幹部に盲従してゐる者があるので、一応反省の期間を与へたのだが、反省の色がなかったので協定に関係なく解雇した。

重盛のいう「悪質な職務怠慢」とは怠業（サボタージュ）のことである。重盛は第一から第七まで、すべてについて組合幹部の責任は免れないと主張した。局長は重盛の説明を聞きおくだけにとどめ、再度、一〇月二日鉱員組合大会以後の交渉の経過を尋ねると重盛は以下のように回答した。

重盛　十月二日は鉱員大会を開いて、速時、ストライキ中止と決定。十月五日、漸く作業開始。十月七日、厚生資金九十万円両者の協議の上で決定。十日、九十万円金額支給終了。十二日、サボタージュ開始。十五日、高橋と組合幹部と調停に関する意見全く一致。二十四日、専務声明書を発表。大浜炭鉱に於ける一切の交渉に関する権限を重盛所長に委任する。二十五日、サボの責任を問うて七十八名に就業を停止。十一月五日、七十六名を所長が解雇。

この重盛発言では、組合はストライキ中止を二日に決定したにもかかわらず、作業開始を五日まで遅延させたと批難し、また専務が交渉に関する権限を重盛所長に委任したのは、二四日専務声明書発表と同時だったと述べている。これに対して浅江組合長が以下のように発言した。

浅江　大会でスト中止を決定したと言はれるが、大会はストを中止するしないの議案でなく、東京で結んだ協定書並に覚書を皆様に承認してもらふか、不承認かをはかったのであります。大会の前に斗争委員会を十二時頃開き、それを諮ったところが承認三十一名、不承認三十七名であった。それを大会で諮るといふ事を斗争委員会で決定して、午后六時大会を開きました。大会では承認三百四名、不承認二五五名で、暴行に及ぶかと思はれる程、議事が混乱して収拾がつかないうちに、決定だけで解散した。十月三日の日には会社側が団体協約を無視して賃金内払の掲示を行った。

浅江組合長の発言主旨は、会社側が組合に対して「生産開始の日を遅延」、かつ「悪質な職務怠慢（サボ）の責任を問うたことに対して、実情はそうではなくむしろ組合幹部は東京協定を守り、生産開始を早めようとしたし、断じてサボの指令を出したりはしていない、と言いたかったのである。

なお、この浅江発言の末尾、一〇月三日に「会社側が団体協約を無視して賃金内払の掲示を行った」について若干説明しておく。東京で重盛所長と浅江組合長が口頭で「就業する以前に復興資金九十万円を払ふ」と約束を交わしたのだが、これを重盛が守らず、就業を優先し、復興資金支払いを後回しにしたことへの批判である。明文化された団体協約があったわけではない。重盛の狙いは、就業した者への賃金を給料日を待たずに働いた当日に支払う、これによって就業を早めようというのである。組合側からみれば、そんな金があるのなら、早く復興資金を支払ってほしいというのが真の思いであった。

その復興資金九〇万円の支払いについては、とりわけ職員組合幹部の関与について確認がなされた。とくに問題視されたのは二通の文書に浅江組合長の捺印を迫ったことである。これについて重盛所長は「知らぬ」と言い、「わしがそういふ気持になってもらひたいと云っただけである」と述べた。おそらく真実は重盛側近の誰かが重盛の気持ちを付度《そんたく》して、一通の文書案を作成したものであろう。それが誰かは、この県労委の対決の場でも明らかにならなかった。

これ以後も事実確認の議論が行われたが、注目すべきと思われるもののみ挙げておこう。

佐々木資材課長は、組合が所長追放という人事権の侵害を目的に掲げているが、これは会社経営権の侵害であり、一二〇〇万円の損害賠償を組合に対して求める、との意見を述べた。

組合側はサボを指令した事実はなく、むしろ増産に励めと鉱員たちを励ましたと述べ、サボを理由にした解雇に抗議した。佐々木資材課長は、組合員が未だに所長追放を撤回しようとせず、「所長の指揮によらず、所長を無視してやっていこうとする」、これこそがサボそのものだと述べた。

労働協約の期限切れの件についても、重盛所長は「協約は九月十日に期限が切れたから無効である。処が組合は新協約を結ぼうとしない。又会社の代表者として私も結ぶ意志はない」と述べた。これに対して局長が「新協約の締結がないのだから、前の協約に則って行くのが立法精神として当然ではないでしょうか」と指摘すると、重盛は「きれたから乗らぬ」と木で鼻を括る返事であった。

最後は、重盛が「もう用事はそれ丈ですか」と切り出し、局長がこれに同意したが、浅江組合長から「まだ交渉したい事がある」との申し出をした。ところが、この申し出に対して重盛所長は「もうお前等とは話をせん」と突き放し、浅江組合長が「事務局を通して話を聞いてもらいたい」と願ったのも聞き入れず、会社側は一方的に退場してしまった。これで対決審問は閉会となった。時刻は午後三時であった。

まるで喧嘩別れのような終幕である。だが、こうした重盛たちの反抗的態度は県労委の心象を一層悪くした。この対決審問は結果的には組合側を有利に導いたとみてよいだろう。

山口地裁の判決

山口県地方労働委員会は一一月一七日、第二五回臨時総会を開いた。場所は県庁内の元警務課。出席は中立側として井上・重岡・千々松の三委員、労働者側は柏村・佐藤・橋本・藤木の四委員、使用者側は阿部・村上・藤永の三委員、計一〇人であった。事務局は増見幹事ほか七人。

この総会においても激論が交わされたが、一四日の対決審問が会社側に不利な印象を与えたのか、最終的に重盛所長を告発することに全員が賛成した。

県労委は一九四七（昭和22）年一一月二〇日付で、検察庁に大浜炭鉱々業所長重盛五六を告発する文書を発した。これ以後、山口地方裁判所における審議が行われ、約一カ月後の一二月二六日に判決が出された。

判　決

本籍　長野県上伊那郡伊那町□□□□□番地
住居　小野田市大字小野田千二十番地
大浜炭鉱株式会社大浜鉱業所々長
重盛　五六（当年四十一才）

右の者に対する労働組合法並に労働関係調整法違反被告事件に付て、当裁判所は検事渡辺次郎関与審理を遂げ、次の通り判決する。

主　文

被告人を罰金五百円に処する。右罰金を完納することが出来ないときは金五拾円を壱日に換算した期間、労役場に留置する。

理　由

被告人は小野田市大字小野田千二十番地所在の大浜炭鉱株式会社大浜鉱業所々長であるが、同鉱業所鉱員労働組合は昭和二十二年八月二十一日同所長の追放を目的として労働争議に入り、仝年九月十日同盟罷業を開始、仝月末大綱の協定が出来、十月五日同盟罷業を解除、作業を開始したのに拘らず依然怠業状態を継続した為め、この侭進行せば会社は破滅を来す外仕方なしと考へ、怠業者の責任を問ふと共に、組合の有力者を弾圧せんとする気持も手伝ひ

第一、二十二年十月二十五日右鉱業所に於て右労組合長浅江民舎外労働組合員七十七名に対し、同人等が前記労働組合の幹部的地位にあって組合事務に従事、又前記労働争議に際し争議行為を熱心に為した事を理由として出勤停止処分を為し、以て不利益なる取扱を為し、

第二、同年十一月五日右同所に於て右浅江外七十五名に対し、右同様のことを理由として解雇したものである。証拠を按ずるに、以上の事実中組合の有力者を弾圧せんとする気持も手伝ひ、判示理由の下に出勤停止処分解雇を為した点を除き、其の余は被告人の当公廷に於ける判示同趣旨の供述により之を認め、前示気持も手伝ひ判示理由の下に出勤停止処分解雇を為したものであることは、証人伊藤正勝の当公廷に於ける之に照応する証言により、之を認むるに難からざるを以て、以上を

綜合すれば判示事実は其の証明は充分である。
法律に照すのに被告人の所為中労働組合法違反の点は、同法第十一条第三十三条に、労働関係調整法違反の点は同法第四十条第四十一条に各該当するところ、右は一個の行為で二個の罪名に触れるものであるから、刑法第五十四条第一項前段第十条を適用し、前者の罪を重しとし所定刑中罰金刑を撰択し、其金額範囲内に於て罰金五百円に処し、其の完納不能の時は刑法第十八条により金五拾円を一日に換算したる期日労役場に留置することゝする。
本件公訴事実中被告人が昭和二十二年十月二十五日職員佐藤溢彦外十三名を出勤停止処分に為したのは、労働関係調整法違反であるとの点は、之を認むべき証明十分でないが、連続犯として通知のあったものであるから、主文に於て特に無罪の言渡はしない。
昭和二十二年十二月二十六日
山口地方裁判所
裁判長　裁判官　河辺　一
〃　辻宮太郎
〃　竹島義郎

「罰金五百円」とはいえ、組合側の勝訴である。すなわち、会社側の行為は労働組合運動を理由とした不当労働行為であると認定されたわけである。だが、この判決に対して被告側・検察側ともに不服として直ちに控訴したので、舞台は広島高等裁判所へ移った。

組合長の決意

一二月二〇日に鉱員労組から提出された嘆願書（九〇～九一頁掲載）、かつ二六日の山口地裁判決をうけて、県労委は同月二七日に増見理助幹事を大浜に派遣した。

増見はまず高橋専務に面会した。専務は再び大浜に戻っていたのであろう。専務は鉱業所の経営については重盛所長に一任しているからと回答、そこで増見は重盛に面会を求めたところ重盛は病気の理由で面会できなかった。やむなく増見は灰谷労務課長を通じて、重盛がスライド制増賃金等に関して組合と交渉を持つ意思があるか否かを尋ねたところ、重盛は「いつでも会う」と答えた。なお、解雇した者には金銭は支払わない旨をも付け加えた。

こうして重盛所長と組合との交渉が持たれることとなり、一二月二八日に二回にわたり重盛所長と浅江組合長・池村副組合長の会談がもたれた。

席上、重盛所長は「現在、七五名はどうしておるか」と浅江たちに尋ねた。重盛としても解雇した人びとのことが気になっていたのであろう。また、地裁の判決で敗れたことも彼を弱気にさせていたのかもしれない。

そこで組合側は、馘首者たちの現状を包まず述べた。彼らは友誼団体からの資金カンパや自分の持ち物を売った金でなんとか飢渇をしのいできたが、それも売りつくし、今や絶体絶命の窮地に立たされている。先般、鉱連と炭労との間の協定により生産準備金が一般鉱員に対して支払われたが、それを馘首者たちにも支払ってほしい、と浅江たちは提案した。彼らの窮状を救い、かつ正月を人間らしく迎えることができるように、との提案である。その話の延長線上で以下のように話が進んだ。

「所長さんは判決に不服で控訴されましたが、労資の対立をこのまま続けちょることは、鉱山平和のためにもならんし、或はクビになった者たちの生活も気になります。それで、私一人が争議の責任者として退山しますから、ほかの七四名*を復職させてもらえんじゃろおか」と浅江民舎組合長が言った。浅江は責任感の人一倍強い昔堅気の男だ。

*「七四名」という復職を求める人びとの数をどう考えたらよいか。馘首者七六人、浅江組合長一人が引責辞職するとすれば、残りは七五人である。これより一人少ない復職希望者数は、たぶん運動から脱落した人が一人いたと考えるしかない。後に会社側が素行不良を理由として復職を認めなかった人物が一人いるが、この人物については会社側も組合側も共に復職者の中に数えなかったのかもしれない。

この浅江発言によって、組合側の人間が争議の責任をとって退山する、という路線が拓《ひら》かれたといってよい。

「いや、解雇の取り消しだけは絶対に出来ん。じゃが、浅江さん以外は全員新採用という形で元にもどそうじゃないか。それについては次長や課長と相談してみよう」と重盛が応じた。

「そうですか。解雇された者たちが生活に困っちょるのは真実じゃから、忍び難きを忍んで、新採用の形式は認めることにしますが、浅江を除くほかの全員はかならず就労させてください」と浅江が念を押した。

翌二九日、再び重盛所長と浅江組合長・池村副組合長の会談がもたれた。

まず、前日に申し入れた鉱連・炭労間で協定された生産準備金を、馘首者にも貸し付ける件について、重盛所長は一人当たり一〇〇〇円を無利子で貸し付けることを承認した（八九頁参照）。そして浅江組合長は一二月三〇日付で「一、金七万五千円也」の借用書を書いた。これによって馘首者たちは一息をつき、正月を迎えることができた。

だが、この後で、七四人復職の件については、重盛所長は前言を翻した。解雇した者たちの現在までの生活保障はしよう。だが、組合幹部は総退山してほしい。さらに、他の人間についても無条件新採用ではなく、会社側の自由意志で新採用することにしたい。おおよそ以上のようなことを言った。

七四人の復職について、「会社側の自由意志で新採用する」とは、会社が気に入らない者は採用しないということである。会社は、組合幹部ではないが争議において目立った動きをした人びとを排除したいのだ。おそらく「一部過激分子」と表現される人びとを、である。

2　役員改選をめぐって

建設会

山口県地方労働委員会に呼び出され、会社側と組合側が対決したのは一九四七（昭和22）年一一月一四日であったが、その翌日、大浜の地で注目すべき動きがあった。

前年度の役員改選で敗れた前組合長有田好徳とその支持者たちは、その後は親睦会を結成して同志的結合を維持していたが、一一月一五日、仕繰方のみによる建設会を発足させた。有田は仕繰夫であり、彼は仕繰方の労働者に対して強い影響力を発揮していたようだ。

建設会の発足は親睦会の単なる名称変更というだけではなく、前日の県労委での組合との対決に怒った重盛所長が第二組合の結成を急いだ結果であろう。小野田労政事務所長の県民生部長あて報告書には、建設会は「重森《ママ》所長慫慂《しょうよう》により発会式を挙げ」たと書かれている。一二月一五日に重盛が中央労働委員会あてに提出した文書（一一二頁に掲載）には、「前労働組合長指導時代」には全従業員が自分の経営を支持し協力したと書かれており、有田前組合長との協力関係を隠していない。

さて、建設会は労働組合ではないのだが、有田たちはこの建設会を母体として、まるで労働組合がするような交渉を会社側と始めた。すでに正規の労働組合である鉱員労組が存在しながら、それを無視した労資交渉?が始められたといってよい。

この交渉の結果、なんと、八月二〇日経営協議会以来の課題でありつづけたスライド増賃金未払分の支給を、建設会員にだけは前借の形で認めるというのである。しかも、その前借金は建設会員のみに分配された。鉱員労組員対象のスライド金支払いを実施しないうちに、建設会にはこれを実施するという露骨な差別待遇であった。重盛所長に、建設会を第二組合に育成しようとの構想があっての対応であろう。

現役員は継続

一九四八（昭和23）年の新春を迎えた。この年末年始の間、鉱員社宅では何やら穏やかならぬ空気が流れた。職員労組の永井幸作幹事長やその他の職員が有田好徳の社宅を秘かに訪ねていたからだ。いくら秘密を装っても、狭い路地に四軒長屋の鉱員社宅では秘密は保てない。一月一三日に組合の役員改選が行われる予定だが、おそらく有田や職員労組幹部らの会合は、それへ向けての事前打ち合わせであろう。

一月一一日、役員改選に関する事前協議のため鉱員労組の臨時大会が開かれた。「十三日定例大会ノ予備大会」という位置づけである。

その前日の一〇日、前組合長の有田好徳たちは建設会を発展的に解消して、新たに改選期成同盟を組織した。その意図は、浅江民舎組合長以下の現役員を降板させ、自分たちが役員へ返り咲こうというものである。有田派は、現組合役員らが定められた期日以前に組合大会を開こうとする動きを、現役員らの居座りを狙う策謀と見なしていた。

その改選期成同盟は鉱員組合大会前夜、次のようなスローガンを書いたビラを貼り出した。

一、改選期ヲ無視スル幹部ノ居座リ工作絶対反対
一、全組合員ガ正シキ改選論ヲ主張シ奴等ノ陰謀ヲ粉砕セヨ
一、大会ノ重大決議ハ総ベテ無記名投票ニシロ

組合改選期成同盟

これから見ても大会以前に現役員継続の路線が、有田たちに察知されていたことがわかる。また、「正シキ改選論」を主張せよとの呼びかけは、現役員の継続は不当だとの論点の提示であり、さらに、決議方式は「無記名投票」にせよとの主張は、賛成々々の掛声や拍手によって「満場一致」で決めてしまうやり方を非民主的だとする原則論である。

一月一一日、午前九時から鉱員会館において鉱員労組の大会が開かれた。議長には新垣秋好（彼は

共産党の大浜炭鉱細胞のリーダーと目される人物である）が選ばれた。大会冒頭から野次や怒号が飛び交い騒然たる様相を呈した。

役員改選の討論に入ると現執行部は闘争終了まで現役員が継続すると提案し、これに改選期成同盟

表2　大浜炭鉱々員組合役員人名表

昭和22年1月13日		23年1月13日	
組合長	浅江民舎▲	組合長	浅江民舎▲
副組合長	池村秀雄▲	副組合長	池村秀雄▲
副組合長	沢田謙造▲	副組合長兼会計	沢田謙造▲
書記長兼会計	野島　修	書記長	石崎末人▲
常任委員	北原藤栄▲	常任委員	北原藤栄▲
常任委員	長野　博▲	常任委員	長野　博▲
常任委員	佐藤　明▲	常任委員	佐藤　明▲
会計監査	古藤　寛▲	会計監査	古藤　寛▲
会計監査	樋口哲夫▲	会計監査	三浦晴雄▲
委員	春口鉄蔵	委員	児玉久雄
委員	児玉久雄	委員	大畠俊衛▲
委員	大畠俊衛▲	委員	新垣義雄▲
委員	松永芳助	委員	児玉秋人
委員	児玉秋人	委員	宮内清儀
委員	有田好徳	委員	佐藤市男▲
委員	宮内清儀	委員	森下　肇▲
委員	佐藤市男▲	委員	島田忠光▲
委員	森下　肇▲	委員	渡辺　直
委員	矢原　保	委員	喜久田武夫▲
委員	三輪繁太郎	委員	城市繁夫▲
委員	渡辺　直	委員	池田　恵
委員	村田寅雄▲	委員	山本芳雄
委員	喜久田武夫▲	委員	永田武雄▲
委員	奥村　緑	委員	広瀬リヨ
委員	城市繁夫▲	委員	庄司フジ子
委員	池田　恵	委員	田中寿枝
委員	石崎末人▲	委員	瀬尾　直▲
委員	永田武雄▲		以上27名
委員	三田達一		
委員	広瀬リヨ		
委員	庄司フジ子		
委員	田中寿枝		
	以上32名		▲印は馘首者

が反対して大混乱となった。採決の方式について改選期成同盟は無記名投票を主張したが採用されず、八人の反対者のみでほとんど「満場一致」で執行部提案が可決された。新役員の名前は表2を参照。

新役員は総数で前回より五人減。前回から引続き今回役員となった者は二二人（そのうち馘首者は一四人）、新しく役員となった者五人（そのうち馘首者は四人）、計二七人である。

前回役員であって今回役員とならなかった者は、有田好徳ら一〇人。彼らは新役員に名を連ねることを潔しとしなかったのか、くわしい事情はわからないが新役員から外された。

なお、この大会終了後、出席者全員で社宅内のデモ行進を行った。デモ行進では多数の旗やプラカードが林立し、五六追放！を叫ぶ「追放歌」が歌われた。

職場協議会の旗揚げ

改選期成同盟は一一日の組合大会で敗れたが、その翌日の一二日、職場協議会と名称を変更した。これはあらかじめ計画されていたのであろうし、その背後に会社との連絡もあったようだ。

旗揚げしてすぐに職場協議会は、左掲の五項目からなるスローガンを掲げ、印刷物にして各家庭に配布した。それには職場協議会への入会申込書も添付されていた。

スローガン

一、団体交渉権ノ獲得

一、馘首者エノ救援
一、物価値上リニ伴フ実質賃金ノ値上
一、勤労所得税ノ会社負担
一、大浜ノ再建ハ我々ノ手デ
此ノ条件ヲ戦ヒトル為ニハ協議会ノ力ヲ拡大シ、一人デモ多ク参加シテ下サイ

入会申込書

貴会ノ趣旨ニ賛同シ入会申込候也

昭和二十三年　月　日

職業・氏名　印

職場協議会御中

名前は職場協議会であるが、第一に「団体交渉権ノ獲得」を目指すからには労働組合である。そして労働組合であるからには、第二に「馘首者エノ救援」を掲げないわけにはいかない。第三、第四は、賃金の実質的上昇を目論むもので、労働者すべてを惹きつけるスローガンである。とくに第四の「勤労所得税ノ会社負担」は当時の社会党系労働組合に特徴的な要求であったようだ。たとえば、前年九月の小野田炭鉱争議でもこの論点が争われ、それを報じた「防長新聞」一九四七年九月七日号では、小野田炭鉱労組を「社会党系」と書いている。

これより見て大浜炭鉱職場協議会も社会党系かと思われる。すでに書いたように、有田好徳は社会

民主主義者であり、政党でいえば社会党系である。また、重盛五六も「大浜一国社会主義」を唱え、片山哲内閣（片山は日本社会党）の炭鉱国家管理法案に賛成していたことから見て、社会党系と見てよいのかもしれない。

このスローガン配布と同時に、猛烈な職場協議会への入会勧誘が始まった。会社はその側面援護をなりふりかまわずに実行する。

職場協議会が発足したその同じ日、即座に鉱員労組は職場協議会結成の中心人物四人、すなわち有田好徳・藤原勇・三浦貞雄・坂井政行の四人を除名した。その理由は、鉱員組合が会社と闘争中であるのに「新タナル交渉団体ヲ作リ、組合ヲ阻害シ統制ヲ乱スガ如キ行為ヲ敢テシ、組合員全体ノ真ノ幸福ヲ無視シ」たからとされている。

これに対して、除名された四人も翌一二日に反論声明を発した。そこには、鉱員組合の大会運営を「『ファッショ』的言論封殺」とよび、その場において決定された前役員の継続という「無理押シノ居据リ工作ニハ完全ニ愛想ヲ尽カシタ」と述べている。注目すべきは、その署名者四人のほかに「二百二十名」が鉱員組合を脱退したと書かれていることである。到底無視できない数字である。

一九四六年九月一〇日の労働協約第三条に係る付帯協約書の第二条に「組合ガ除名シ又ハ組合ヲ脱退セル鉱員ハ、会社ハ之ヲ同時ニ解雇スルモノトス」とあり、この協約書が効力を有するのなら、有田たち四人は会社を解雇されるべきであるが、実際には解雇などは行われていない。会社は労働協約は期限切れであり、再締結はしないと宣言済みであった。

職場協議会はこの件について、「組合ガ除名シテモ会社ガ同意シナイ場合ハ首ニハナラナイ。又組合ハ除名者ヲ解雇スル団体協約ガナイデハナイカ」と主張している。現実はこの職場協議会の主張どおりになっている。

職場協議会側からみた組合大会

立場が違えば同じものをみても違ってみえる。前記の役員継続を決めた組合大会について職場協議会側からみた文章があるので、それを以下に掲載する。

非民主的大会記録

組合規約第十二条による定期改選日は一月十三日である。組合幹部は斗争中の名の下に連日居座り工作に専念し日鉱本部の職業運動者を十数名招致し、鉱員集会所に二日間に渉って懇談会の名の下に組合員又は家庭婦人迄も召集し、これを現状維持の方向に説得し、或は街頭演説、紙芝居を行うなど、挙げて居座り工作に狂奔した。かねて事態を憂え、改選説を口外する者があれば頭から反動分子と罵り強圧した。

十一日午前九時より組合大会が開かれた。出席数約三百五六十名。その内訳は解雇者、その家族、職員組合の脱退派及びその家族、外廓の応援者を含み有資格者全部の構成大会とはいわれない。

議長の詮衡方法が初まるや司会者一任で決定。議長は「本日の出席者は全部有資格者と認めます」と発言。これに対して「異議あり、資格を審査せよ」との発言ありたるも、「だまれ！　つまみ出せ」等、劈頭《へきとう》より会場は騒然として混乱した。群衆の中に配置された行動隊などによって、計画的になされたものであることは明らかである。

次に応援者数名の改選不可に就て巧なる演説あり。すべてこれ外部よりの皮相的観察を以て律し、内部の事情を知らざるも甚だしい。

続いて討論に入り交互に弁士が登壇。改選主張者四名、改選不可となす者五名。改選演説者が登壇するや又しても轟々たる弥次罵倒は乱れ飛び、演説は徹底的に妨害され、弁士は演壇に立往生するの止むなきにいたった。

議長は直ちに打切り「決をとります」と早急に議事を運んだ。「まだ云わせろ」「家庭婦人などの決は認められぬ」との発言多数にもかかわらず、議長は遂に代理として無資格者全部を認めた。その代理は事実僅か数名で無資格者の婦人が数十名を占めていたのである。

大会は解雇者中心のものとなり、最後の決の場合に於て大混乱し、資格審査も無記名投票も否決された。「議長横暴」を叫ぶや、行動隊は忽ちその発言者に向って殺到する有様であった。

かくして大会は劈頭より計画的に非民主的な陰謀によって押切り、あらゆる下劣な手段がとられたのである。

而も、組合員約十名に対して半数にみたず、決の表現が無記名投票でなければ、組合員は会場の空気によって怖れをなし、あるいは幹部への気兼ねから真実の意志表示が出来ないのが悲しい事実である。幹部諸公は自分達の有利か不利かの見透しによって、決の方法を投票か起立かに使い分けるのが彼らの常套手段である。

然も日頃から斗争に対して批判的言動をとる者は除名し首にすると脅かし、またストライキ当時の相棒政策*（暴力行為違反者として十七名検挙さる）の状態を見ている組合員大衆の恐怖戦慄は未だ生々しいものがある。

かくて、この大会は全員の総意より遥かにかけ離れ、陰謀の下に無理矢理に成立せしめられたものである事を強調する。＊「相棒政策」は棍棒政策の誤りか？

（中央労働学園『中央労働時報』第九〇号、一九四九年三月五日）

一部に文意の通じにくい箇所もあるが、ここには鉱員労組大会に於ける「『ファッショ』的言論封殺」、まさにその情景が描かれている。この描写の真実性については判断に苦しむが、読者諸賢の冷静的確なる判定を期待する。

出席資格問題と行動隊

右掲文章では、一月一一日鉱員労組臨時大会における資格問題や「行動隊」等に関した批判がなされているが、これに対する鉱員労組側の見解は以下のようなものである。

（イ）資格問題ニ就イテハ、参会者ノ総意ニテ、組合員ニ非ザル組合員ノ家族（特ニ妻女）モ委任サレタモノト諒解シ之ヲ認メタモノデ、子供ヲ除イタ外大部分ヲ認メラレタ

（ロ）投票ニ就イテハ、無記名投票賛成者ハ八名ノミニシテ、他ハ全員斗争中ナル故解決迄ハ当然現組合幹部ノ責任ナリトシテ、斗争解決迄改選延期ヲ決定シタ

（ハ）従業員組合デハ二十三年一月十一日ノ臨時大会其ノ他ニ於テ、行動隊〳〵ト絶エズ主張シテ居ルガ、大会当日行動隊ヲ出シタ事ハ無ク、一般鉱員ガ恐怖ヲ持ツトカ、大会発言者ニ向ッテ殺倒

スルトカ云フ事実ハ絶対ニ無ク、当時結成サレタモノハ組合斗争組織強化、並ニ統制ヲ保ツタメニ結成サレタモノデアル

右は職場協議会が従業員労働組合として発足した後のものであるが、内容は一月一一日鉱員労組臨時大会に関するものである。

論点の一つとして組合大会における出席者の資格問題がある。組合大会における出席有資格者は組合員本人とすべきは当然であるが、実状は労働者の妻女が本人に代わって出席した事例が相当数あったようだ。

原則論で言えば妻女が代理人となることはできないが、増産体制下にある炭鉱の実状からすれば単純にそうとも言えない。大浜炭鉱では、採炭《さいたん》方・掘進《くっしん》方・仕繰《しくり》方などの重労働部門は四交替制をとっていた。夜勤の者は昼間に寝なければならない。したがって、組合大会に出席できない人びとが必ず相当数いたのである。また坑内保安に関係する部署はどんな時でも人を配置しておかないわけにはいかない。このように、やむなく大会に出席できない組合員がいる以上、その妻女に代理を認めるのもやむをえないとも言えるのである。

次に「行動隊」についてであるが、従業員労組側は「行動隊」は暴力的威圧を事とし、組合員大衆を「恐怖戦慄」せしめたと言い、また重盛所長の文章中にも「争議団は多数の木剣に依って武装され」という表現があるように、「行動隊」は組合が暴力的であることの象徴的存在とされている。それゆえ、組合がスト破り入坑を阻止しようとして暴力をふるい一七人が警察に逮捕された事件とも重

ねられもする。
鉱員組合側にいわせれば臨時大会に向けて結成されたのは「組合斗争組織強化、並ニ統制ヲ保ツタメ」のものであったというが、従業員労組側はこれを「行動隊」と見なしているのであろう。ただし、右文中の「大会当日行動隊ヲ出シタ事ハ無ク」という表現は、大会当日以外には出したことがあるとも読め、鉱員労組の一角に「行動隊」なるものが存在した可能性を残している。なお、「行動隊」の語が鉱員労組の文書中に見えるのは右掲の一例のみであり、具体像は不明と言うしかない。

*戦後の労働運動でよく歌われた歌に「民族独立行動隊」がある。作詞・山岸一章、作曲・岡田和夫。国鉄労働者山岸一章が、一九五〇（昭和25）年にレッドパージで職場を去らねばならなくなったとき、煙突に上って抗議の意思を表明した。その煙突上で作詞した歌だという。この歌の「行動隊」という語に注目したい。「進め進め団結固く、民族独立行動隊、前へ前へ進め」と歌われるその語感から推して、行動隊とは労働者大衆の前面に出て果敢に戦う精鋭部隊といった感じを受ける。鉱員労働組合の一角に「行動隊」があり、「民族独立行動隊」の歌にあるような行動を期待されていたのではなかろうか。レッドパージ期の日本共産党の文書中にも「行動隊」という用語が使用されている。大浜炭鉱々員労働組合における一九四八年初頭の「行動隊」はその種のものの比較的早い使用例かもしれない。
参考　川上允編『「民族独立行動隊の歌」誕生物語―天空32メートルの労働者詩人山岸一章アルバム』（二〇〇八年、本の泉社刊）

3　第二組合の結成

団体交渉権

臨時鉱員労組大会で、組合新役員は前役員の継続と決定したので、執行部は重盛五六所長あてに一月一二日付文書で団体交渉の申し入れを行った。前年一一月五日の交渉以来途絶えていた労資交渉を再開したいと願ったのである。山口地方裁判所の判決もあったことであるから、会社側が交渉のテーブルにつくことが期待された。

ところが会社側においては、馘首された者が役員を務めている組合と交渉する必要はないとの強硬論が支配的であった。会社側の文書による回答は一月一三日付で、その内容は「目下慎重ニ考慮中ニ付確答致シカネマス」という曖昧な回答であった。

この会社側回答書に不審を感じた鉱員労組は、同日、直ちに会社側に不満の意を伝え、浅江組合長・池村副組合長が抗議に出向いた。会社側は國田次長・佐々木課長・戸張課長が応対した。重盛所長は東京に出張中で不在であった。

「会社の回答書に『考慮中』とあるのはどういう理由からですか」

この組合からの質問に対して、押し問答の末に「現在、会社と闘争中の組合と、会社に協力しようという組合と二つあります。そのどちらが正しい組合であるかを考えているという事です」と、佐々木課長が答えた。

鉱員労組と職場協議会を同列視する発言で、これを鉱員労組としては見過ごせない。だが、目的は団体交渉の実現にあるので、ここはいったんおいて、所長不在中の権限委任について質問した。応対に出た会社側の三人に、回答する権限があるかどうかを確認するためである。

この質問に対して、國田次長は「権限の委任は一切受けていない」と答える。

「要するに、結局のところ交渉には応じないということですね」と詰め寄ると、「いや、交渉には応じますが、ただ話を聞いておくという程度のことで、決定はできません」と國田次長。

「では所長不在中、職場協議会から交渉の申入れがあった場合は？」との組合側の追及に、國田次長は「それは当然、話し相手にはなりますが、鉱員組合の場合と同じで、聞き置く程度のものです」と答えた。

要するに、鉱員組合および職場協議会、両者ともに所長の不在中は協議決定しないとの紳士協定がなされたと理解してよい。

ところが、その同じ日の夕方、職場協議会は「本十三日、団体交渉権ヲ獲得ス」と文書で掲示した。いったいこれはどうしたことか。

翌一四日、怒った鉱員組合は会社側に猛抗議を行った。会社側の応対者は國田次長・佐々木課長の二人。その弁明は、「職場協議会の申入れに対して、話し相手にはなると答えましたが、それを職場協議会が独自の解釈をしてあのような掲示に及んだのです。私たちとしては団体交渉権を認めると協定した覚えはありません」というのである。

勤労所得税の会社負担

更に二日後の一六日、職場協議会は以下のような協定を会社側と結んだと発表した。一一日に掲げたスローガン第四号の実現である。

協定書

経営者側代表者ヲ甲トシ、職場協議会ヲ乙トシテ、暫定的ニ左ノ通リ協定スル（所長上京中ノタメ所長帰山後本協定トナス)。

一、甲ハ乙ノ要求ニ基キ、乙ノ所属ニ対シ一月下期ヨリ勤労所得税ノ会社側負担ヲ実施スル。

二、現在職場協議会ニ非ラザル従業員ニ対シテハ、入会後甲乙協議ノ上一月下期ニ遡《さかのぼ》ッテ支給スル事ヲ妨ゲナイ。

昭和二十三年一月十六日

甲　大浜炭鉱株式会社鉱業所　次長　國田治男

課長　佐々木繁夫

乙　職場協議会代表者　三浦貞雄

外五名

勤労所得税(給与所得にかかる税金)を雇用主である会社が負担してくれるという驚くべき優遇策である。これも戦後早々の国家再建を目指す大潮流のなかで、石炭産業の役割が極めて重要であるがゆえに認められた優遇策ということになろうか。

職場協議会に参加している者については、勤労所得税を会社が負担する。職場協議会員でない者でも、職場協議会に入会すれば勤労所得税を会社が負担してやるぞ、というのである。

当然ながら鉱員組合側は怒った。直ちに会社側に出向き抗議を行った。このとき会社側の応対は佐々木課長。

「十三日に、所長不在中は何も決定しません、とあなた方は言ったじゃあないですか。あの紳士協定はどこへ行ったちゅうんですか」

「確かにそういう約束を國田さんと私とで致しましたが、その後で三回、四回と職場協議会の方々が来られて、その熱意ある話に心をうたれまして、一応私個人として協定致した次第です」

組合側は勢い込んで責めるが、佐々木課長は「私個人の協定です。所長帰任後にこれを否認するようなら、私は個人として責任を負います」とくりかえす。

それでは職場協議会が会社と協定した「勤労所得税の会社負担」を、ひろく一般鉱員にも適用せよ、と話を進めると、「それは出来ません。この協定は職場協議会と交わしたものですからね。ただし、この協定書の中には一般鉱員に対して適用しないとも書いてありません。また、新たに入会した者に対しては適用することになっています」と佐々木課長は答えた。

「勤労所得税の会社負担」をエサにした露骨な引き抜き工作に関して、会社がその協力者であることを自白したも同然である。

この日、青年鉱員二二人が鉱員組合を脱退した。その声明書には「一部幹部の陰謀と独裁に依り鉱員を塗炭の苦しみに引き入れ、尚責任を回避して居る組合幹部に同調するを潔しとせず」との脱退理由が書かれている。これは職場協議会と同じ考えであり、それへの合流を意図した脱退であったことがわかる。

青年鉱員二二人の脱退はおそらく職場協議会による引き抜き工作の結果であろうが、同時に鉱員組合青年部の中に「行動隊」とか「一部過激分子」とか呼ばれた先鋭的な青年とそうでない青年たちとの間で葛藤があり、その結果の脱退であった可能性もある。

その後も引き抜き工作が続行され、二月九日ころには、従業員労働組合（二月七日、職場協議会より改組）は二二七人を数えた。

鉱員労組はその後も会社側へ交渉を申し入れた。一月三一日には、勤労所得税の会社負担の件と地下足袋使用数変更の件、以上二件につき申し入れた。勤労所得税の会社負担は職場協議会だけでなく組合員一般に適用してもらいたい、というのが鉱員労組の要望である。だが、会社側はこれを認めなかった。第二項の地下足袋の件はすぐに会社が受け入れた。地下足袋は坑内労働に絶対不可欠であり、その補充不足は石炭減産に直結するからだ。

季節鉱夫

冬季になると大浜炭鉱には新潟県から季節鉱夫とよばれた労働者がやってきた。いわゆる冬季農閑期を活用した出稼ぎである。これは山口炭田のどこの炭鉱でも行われていたことで、大浜炭鉱では新潟県魚沼郡からの季節鉱夫と定期的な契約があった。毎冬七〇～八〇人がやってきた。

争議が起こると季節鉱夫の雇用をめぐって、鉱員労組と会社側の間で衝突があった。職場協議会側にたつ労務課職員が、勤労所得税は会社負担だと約束して季節鉱夫を集めたが、実際には実施されなかった。季節鉱夫たちは「飲まず、遊ばず、ひたすらに稼ぎ貯め」る（「防長」一九四八年四月一九日号）真面目一方の熟練鉱夫たちであり、それだけに勤労所得税の会社負担の約束には期待をかけていたに違いない。約束違反に怒った数人が労務課にかけあったところ、「職場協議会に加入すれば勤労所得税は会社負担になる」と言われ、彼らは鉱員労組を脱退して従業員労組に加入したという。

もちろん、鉱員労組は強く抗議したが、事態は変わらなかった。それのみでなく、逆に鉱員労組は季節鉱夫の雇い入れの妨害をしたとして、会社側から告訴が予定された。というのは、浅江民舎組合長が新潟県魚沼郡小谷町小谷勤労署長あてに送った手紙が問題視されたのである。

その手紙には、目下大浜炭鉱は労働争議の最中であり、七八人が就業停止処分を受けている状況にあるので、「随って新入志願者に対する取扱ひに就いては組合として誠に困難で有りますれば、右事情を御通知申上げて置きます」と書かれてあった。

この手紙を証拠に、「新潟ヨリノ定期的短期労務者ノ招致ヲ阻害シタルコトニ対スル業務妨害」として告発する予定だと従業員組合は述べている。

県労委への提訴

一九四八（昭和23）年一月一三日、職場協議会が設立されると会社による度を越した肩入れが行われている状況を問題として、鉱員労働組合はその問題解決を求めて山口県地方労働委員会へ提訴した。

その提訴状においては、役員改選の時期から説き起こし、その後、建設会、改選期成同盟、職場協議会へと名称を変更しながら反鉱員労組勢力は肥大化し、御用組合としての実態を持つまでに至っている。こうした事態は、会社側の絶大なる協力――とくに勤労所得税の会社負担を職場協議会員のみに認めるなど――と、職場協議会による悪辣なる引き抜き、切り崩し工作の結果である。こうした事実からみて職場協議会は御用組合であって、労働組合法の規定に則った労働組合ではないことを県労委に認定してもらいたい、というのが提訴の主旨であった。

この鉱員労組の県労委提訴と時期を合わせて、第一職員労働組合も同年一月二四日に職員労働組合を解散してほしい旨を県労委あてに提訴した。この提訴も右の鉱員労組の提訴と同じく、職員労組が御用組合であって、労働組合法の規定に則った労働組合ではないことの認定を求めたものである。

なお、この第一職組の提訴状では、職員幹部による所長への追従が争議の大きな原因だと指摘していることが注目される。鉱員組合員七八人の就業停止についても「概《おおむ》ネ職員組合幹部ノ意向ニヨリ」と書き、第一職組一四名の解雇に関しても「職員組合幹部ノ要請デアル」と重盛所長の法廷発言を引用し、「闘争ノ裏面ニハ幾多ノ現職員組合ノ関連ヲ確認致シマシタ」と述べて、大浜争議を「自己ノ栄達ヲ獲得セントスル指導者ノ策謀ニ依ル、労働者同志ノ悲シムベキ争酷」と総括している。「自己ノ栄達ヲ獲得セントスル指導者」とは重盛五六所長一人をさすのではなく、その周囲の腹心たちをも指すらしいことは文意の流れからみて推量できる。

重盛五六の大浜一国社会主義論は、重盛個人のものでなく、重盛の腹心であった佐々木繁夫や灰谷彬らによるものであったらしい。さらには有田好徳前組合長もその同志の一人かもしれない。

争議権の限界

ここで少し会社側から鉱員組合に向けられた批判——組合の闘争は会社経営権に属する人事権の侵害であり、争議権の限界を超えているというもの——について、組合側の考えを確認しておこう。

会社側でこうした問題提起を行っているのは佐々木繁夫資材課長で、彼は重盛所長の最も優秀なブレーンであった。佐々木の書いた「従業員諸君に訴える」（一〇四頁に掲載）において、「所長追放といふことは、（中略）闘争目的として之を強行することは経営権の侵害と云ふ不法行為と解すべき」とし、また一一月一四日の県労委での組合との対決の場では「所長追放と言ふ人事権の侵害を目的に掲げてゐる。之は会社側経営権の侵犯」と指摘している。重盛所長の一二月一五日中労委あて文書では、大浜争議は「会社の最高人事権の侵害のみを唯一の目的として行われた争議」だと述べている。

大浜争議を調停中の山口県労委にとっても、所長追放要求は会社経営権の侵害という会社側の主張をどう受け止めるかが課題となっていた。そこで一九四八年一月六日、鉱員組合の意見を徴した。それに対する鉱員組合の回答は二月一日付で提出された。その内容は以下である。

争議権の限界

一、争議権は基本的には労働組合法第二条に規定された労働条件の維持改善、其の他経済的地位の向上に対し使用者と協定に達せざる時、若しくは同法第一条に規定せられた労働組合の団結権及団体交渉権が否定若しくは阻害せられた時に発動すべきものであって、使用者の経営権を侵害する目的を以て発動すべきものでない。

経営関与の限界

一、経営権は使用者に有するものであるが、労働組合は其の経営が労働者の生活に影響を及ぼし社会的影響を与へるものであるから、労働組合は経営権を基本的に侵害せざる範囲に於て参加する事を要求するが、其の細目は労働協約に於て規定さるべきである。

今回の当組合に於ける重盛所長排斥の争議は、当組合の会社側に対する経済要求に対して鉱業所長重盛五六氏が封建的、ファシズム的、野蛮的言動を以て要求を抹殺し、更に当組合の基本的権利に干渉此れを侵害した暴挙に対して、組合が経済要求獲得と組合の基本的権利確立と言ふ組合自営《ママ》の為に、組合が重盛所長と言ふ一個人に対する排斥に起上ったものであり、会社側の経営権を侵害するものではない事は明らかである。

あまり歯切れの良い文章ではないが、言いたいことはわかる。大浜争議は基本的には組合側からの経済的要求を重盛所長が「ファシズム的、野蛮的に抹殺し」たことから生じており、所長追放要求は「会社側の経営権を侵害するものではない事は明白」と主張している。

重盛五六、社長に就任

はげしい争議の最中ではあるが、重盛五六所長が一九四八年二月四日の株主総会で社長に推戴された。その理由は大崎新吉社長と高橋岩太郎専務が公職追放令該当の通告をうけたからである。公職追放令とは占領軍の指令によって発せられたもので勅令の形をとった。追放に該当するとされたのは、第二次世界大戦時における行動が戦争推進あるいは戦争協力であったと占領軍によって認定された人びとで、彼らは政治・経済・教育等の主要な役職から追放された。大浜炭鉱の社長と専務が公職追放となったのは、戦時中の捕虜や朝鮮人徴用労働者の使役が理由だったのかもしれない。

いずれにせよ重盛は以前から社長就任要請を断っていたのだが、今回は引き受けざるをえなかった。重盛は社長と所長を兼務することとなった。

従業員労働組合の結成

一九四八年二月七日、職場協議会は第一回総会を鉱員合宿所内の元演芸場において開催した。この総会において職場協議会は従業員労働組合と改称することを決定、翌日に発表した。組合長には沖田軍一が、副組合長には山口芳松がなった。組合員数は三三七人（内七五人は冬期労働者、他の二六二人は鉱員労組からの脱退者）。ここに、いわゆる第二組合が正式に発足したわけである。中心人物の有田好徳はなぜか組合長就任を避けたようだ。

二月一三日、従業員労働組合は小野田労政事務所へ組合結成の届出を行った。

従業員労働組合の設立意図は、言うまでもなく鉱員労組の闘争方針について批判的であったからである。従業員労組では以下のようにその主張をまとめている。

一、争議の目標が所長追放の一本槍で、ぜんぜん経済条件を含まなかったこと。
二、争議の期間が日本一ながいこと、今月で九ケ月も続いている。
三、争議の線が逸脱して完全に自由性を失い、従業員の争議というよりも会社対総同盟や炭労との面子の争いになっていること。
四、その後の争議は七十五名の馘首反対斗争が本位となり、一般従業員より浮き上っていること。

（『中央労働時報』第九〇号、一九四九年三月五日）

争議にはこうした批判は必ずどこかから出てくる、いわば一種の妥協策の主張である。右の四カ条の指すところは、所長追放闘争はやめよう、早く争議を終わらせよう、上部組織の指令から脱しよう、馘首者のために闘うのはやめよう、ということである。従業員労組は鉱員労組の闘争貫徹型を妥協型に変更させようとの立場に立つ。第二組合の第二組合たる所以はそこにある。

勤労所得税の会社負担（続）

二月八日、従業員労組は勤労所得税の既徴収分につき、その払い戻しを従業員労組事務所で行い、鉱員労組に見せつけた。これに対して鉱員労組は、九日、勤労所得税会社負担を差別待遇することなく全従業員に適用するようにと文書で会社に申し入れた。

すると、同日、従業員労組はすかさず以下の内容の文書を掲示した。すなわち、従業員組合は勤労所得税の会社負担を自分たちだけでなく全従業員に適用してほしいとの運動を展開中だ、どうか皆さん「従組へ御協力ト御来加ヲ」お願いしますというのだ。これは一見、鉱員労組と歩調を合わせた動きであるかの感があるが、そうではなく逆に鉱員労組を切り崩し、鉱員労組員を従業員労組へ取り込むための巧妙なる戦術である。

一〇日、鉱員労組は前日の申し入れに対する回答を会社側に求めたが、会社側は、回答書は出さないと断った。ところが、同日、従業員労組は勤労所得税会社負担を全従業員に適用する交渉に成功した、とする文書を掲示した。

すると、同日、重盛所長も以下のような声明を発した。

声明書

曩《さき》ニ従業員組合ニ依リ結成サレタル大浜炭鉱従業員組合（モト職場協議会）ハ、真ニ炭鉱ヲ思ヒ従業員ノ幸福ヲ願フソノ設立趣旨並ニ其ノ後ノ行動ニ於テ、炭鉱ノ方針ト全ク一致スルモノデアリ、ソノ誠意ト熱意ニ共鳴シテ私ノ出張不在中代理者ガ之ト勤労所得税相当額会社負担ノ仮協定ヲ締結セル趣旨ヲ私ハ諒トシテ、本日本協定ヲ締結セルモノデアリマス。

而シテ其ノ後同組合ヨリ更ニ勤労所得税相当額会社負担ヲ、其ノ組合員ノミナラズ全鉱員ニ適用願ヒタイトノ熱烈ナル要請アリ。私トシテハ素ヨリ組合員ト否トヲ問ワズ従業員タルニ変リナク、カカル要請ハ最モ喜バシキ所ナルヲ以ッテ直チニ是ヲ承認シ、茲ニ全従業員ニ適用スルコトヲ明ラカニスルモノデアリマス。

素ヨリ当鉱ノ現収ハカヽル経済的負担ヲ容易ニ担ヒ得ルモノデハナイガ、従業員諸君ノ真ニ炭鉱ヲ思フ熱情ト旺盛ナル勤労意欲トニ依リ、必ズヤカヽル経済的負担ヲ克服シ、更ニ進ンデ理想境大浜ヲ建設シ得ル事ヲ疑ハナイモノデアル。

昭和二十三年二月十日　　　　　　　　　　所長　重盛　五六

一見美談かと勘違いしそうな話だが、会社側には以下のような危惧があっての措置だったのかもしれない。すなわち、優遇策を一方の組合にだけ認め他方には認めないというのは、労働組合法第一一条違反とされて不当労働行為と認定される可能性もあり、広島高裁での審理に不利に影響しては困ると思ったのではなかろうか。

また、右文中に従業員労組の設立趣旨やその後の行動が「炭鉱ノ方針ト全ク一致スル」と書かれており、このことは従業員労組が御用組合であることを暴露するものでしかなかった。

さて、その翌日の一一日、会社は鉱員労組との交渉に応じると回答。同日、勤労所得税会社負担を鉱員組合にも実施すると約束した。

4　ハンスト決行

ハンスト突入

第二組合を結成させる等々、会社側の不誠実な態度に業を煮やした鉱員労組は、一九四八（昭和23）年四月二日、遂にハンストに突入した。争議があまりにも長期にわたっているため、労働者たちの生活は苦しくもはや限界に達していた。「防長新聞」一九四八年四月五日号は次のように報じている。

花に背きハンスト
県庁玄関に大浜炭鉱の三人男

花盛りの二日、山口県庁玄関にどっかと腰を下してハンガーストを開始した三人男は——問題の小野田市大浜炭鉱労組委員佐藤市男（二九）、新垣義雄（二五）、藤谷国美（二二）で、このストは東京では国会議事堂前で組合長浅江民舎、書記長石崎末人、青年部長国清吉男、地元小野田で三名、いずれも二日正午を期して絶食戦を開始したもの。要求は昨年八月以来十四名の不当謹慎、七十五名の不当かく首即時取消しを要求して会社側と交渉しているが、聞き容れられないため、最後の手段として会社側の反省と世論の喚起をめざしてハンストを施行したもので、山口戦場では日鉱福連、炭労青年部、県総連など友誼団体からの激励見舞に元気旺盛、要求貫徹までがん張ると決意を固めている。

山口県庁玄関前。東京の国会議事堂前。地元小野田の大浜炭鉱。この三カ所で三人ずつ、計九人の組合員が問題解決のための最後の手段ともいえるハンストに入った。三カ所同時突入というのは見事な戦術である。

その結果であろうか、芦田均内閣の労働大臣加藤勘十は四月二日付で山口県知事田中龍夫あてに以下の書簡を送った。

拝啓　貴職に於かれては、かねてより現下の複雑困難を極める労働行政の処理に関し格別の御配慮を煩はし、実に感謝に堪えない処であります。

扨、先般発生を見た処の貴管下小野田市所在大浜炭鉱争議に伴い、不当馘首の処分を受けた七十五名の職員に関しては、その後も依然として復職の事実なく、為に之等の者は既に半歳に近い間、糊口の途を失い、非常な困窮の渕に沈んでいるやに聞き及んで居ります。

本件については既に第一審に於いて、使用者の不当処遇なることが確認されて居る次第もあり、旁か丶る事件の発生は労働組合運動の健全な発達の上からも、又人道上からも由々しい事と存ぜられます。

ついては貴職に於いても右が復職の一刻も速やかなる実現を図り、以てその生活の安定を確保しうるよう特に斡旋の労をとられんことを希望する次第であります。

卒爾乍ら右御依頼迄　　草々

昭和二十三年四月二日

労働大臣　加藤　勘十㊞

山口県知事　田中　龍夫殿

この労働大臣書簡の情報が鉱員組合にも伝わったからなのだろうか、翌日、鉱員組合長浅江民舎から山口県知事あてに歎願書が提出された。

歎願書

炭鉱労働組合の全国組織と炭鉱資本家団体との間に締結せる賃金協定を無視しつつ、戦時中と何等異ることなき独裁を以て組合の御用化を企図せる所長に断乎鉄槌を下すべく、吾等大浜炭鉱々員労働組合一千が起上って既に七ケ月を閲しました。

其の間昨年九月末石炭庁石炭増産協力会・山口地方労働委員会の調停に依り、争議は一旦円満解決したかに見へましたが、所長はその協定を履行せざるのみならず、却って組合幹部の殆ど全部を含む七拾五名を不当馘首すると共に、争議に参加せる職員拾四名を無期出勤停止に処し、一挙に組合を潰滅せしめんと企図したのであります。

此の暴挙は直に山口地方労働委員会に依り山口地方裁判所に於ては罰金五百円の判決（求刑禁錮三ケ月）がありましたが、検事、所長共に控訴し目下広島高等裁判所に於て審議中であります。然るに一方会社は右の行為につき何等反省するところなく、裁判の長期に亘るを奇貨としてその間に私利私欲に迷ひし一部階級裏切分子を操り、組合員の経済的困窮に乗じてこれを切崩し、御用組合を結成せしめ、著しき差別待遇をなし、自由的労働組合の絶滅に狂奔しつつあり。この罰の軽きをあなどり、罰せられて恥ざる悪辣なる行為は新なる労働組合法第十一条違反行為として、去る二月より月余に亘って労働委員会に於て審議せられて居ります。

組合はこの牛歩の如き遅々たる裁判並に労働委員会の審議に耐えつつ、友誼団体の絶大なる応援の下、七拾五名を中心として敢然と戦ひ続けて居りますが、如何にせん七ケ月余に亘る闘争に困窮日に加はり、正に飢餓に瀕せんとして居ります。而してこのまま荏苒日を重ねるのみならば、労働組合法に依り労働者に与へられた輝かしき権利も遂に画餅に帰し、国民待望の石炭増産は全く不可能となるでありませう。

吾等は今や「法の権威の護持」「不当馘首並に不当謹慎即時取消」「差別待遇反対」「従業員組合の即時否認決定」の三《ママ》項目を掲げましたに付き、宜敷御斡旋を御願ひ申上げます。

昭和二十三年四月三日

大浜炭鉱鉱員労働組合

組合長　浅江 民舎 ㊞

山口県知事殿

第二組合の解散指令

ハンスト中の鉱員組合は、四月六日に、県労委あてに大浜炭鉱従業員労働組合の解散を求める書類を提出した。

従業員労組は御用組合であり労働組合という名に値しないとするのだが、その論拠は以下である。第一、組合員獲得のために会社の全面的応援を受けていること（自主的な組織ではない）、第二、会社が勤労所得税会社負担という待遇改善策を、鉱員組合切り崩しのための道具として使った際にも、従業員労組はこれに協力したこと、第三、会社は鉱員組合との交渉においては「終始不誠意極ル態度ヲ持シ」、一方従業員組合に対しては「同一事実ヲ容易ニ受諾シテ居ル事」、すなわち会社と従業員労組は同一歩調をとっていること、以上三点である。

県労委はこの申請を受けて、同日、臨時総会を開き第二組合問題を審議し、大浜炭鉱従業員労働組合は「労働組合法第二条に該当しない」と認定、その解散を命じることを決定した。認定の理由は「本組合の前身は職場協議会であって、設立の道程及び設立後の会社に対する動きは常に会社の意図に迎合し、その交換条件として会社との間に税金相当額の会社負担等の協定を為し、之によってその組織を拡大していて、その労働者の組織としての自主性を欠いている」というもので、鉱員組合の主張が全面的に受け入れられたものといえる。

なお、この山口県労委の決議書には末尾に五項目からなる別記が付されている。そのうち注目すべきは、第三項に「従業員組合は七十五名の不当馘首を前提としているものであって、馘首者は絶対に復職させぬ、復職させる場合は新規採用とする」と主張していたことが判明し、これは会社の方針と全く合致するものであった（『中央労働時報』第九〇号、一九四九年三月五日）。

右の県労委決定を受けて、四月七日、山口県知事田中龍夫は大浜炭鉱従業員労働組合は「労働組合法第二条に該当せざるもの」との決定書を発した。

争議、終結へ

ハンストという非常事態となったため、この争議の早期解決にむけて労働省労政局長は、ともかくにも馘首者の復職が争議解決への最重要点であると認識し、四月七日、県知事に対してその配慮を要請した。

そこで県知事も事態解決に乗出し、渦の中心たる重盛五六所長と話し合うために、重盛の所在を確かめたところ重盛は出張中で不在、重盛は一〇日に帰山の予定であった。四月九日、再度、労働省労政局長から電報にて県知事斡旋の経過報告を求めてきた。

一〇日、帰山した重盛所長と県知事の会談が行われ、その日、県知事は「会社側強硬にして折合つかず、ハンスト継続中、重盛の説得を乞ふ」との返信電報を発した。重盛所長は県知事の要請であっても断固拒絶、あくまで馘首者の復職はありえないとつっぱねたからである。

一二日、上京してきた重盛五六所長を労働省労政局に招致し、また国会議事堂前でハンスト中の浅江民舎組合長もよんで、労政局長の斡旋が行われた。その結果、七カ条からなる覚書を締結して、遂に争議は妥結した。その覚書は以下である。

覚　書

一、会社は七十五名中六十九名を新規採用の形において就職せしむる意思がある。（但し既に就職済みの者、就職の意思なきもの及び既に退山せるものを除く）。
二、組合は浅江、石崎、新垣（兄）、新垣（弟）、池村、佐藤の六名を今次争議の責任を負い復職せしめない。
三、職員組合は十四名の解雇問題を早急に解決する。
四、組合は現在のハンストその他一切の争議行為を直ちに停止すること。
五、組合は今後自主的に秩序を確立し、使用者と協力、生産に邁進すること。
六、以上の処置については、会社と組合との直接且つ平和的交渉によって之をなすものとする。
七、本件に関する最終的処置は裁判確定後平和的にこれをなすものとする。

昭和二十三年四月十二日

大浜炭鉱株式会社労務係長
平野　健二
大浜炭鉱鉱員労働組合長
浅江　民舎

労政局長は同日、山口県知事あてに、労働省において妥結点に達したこと、なお「細目については現地に於て直接交渉により取極めること丶なった」との電報を発した。翌一三日早朝、労働省からの電報を読んだ県知事は、これをハンスト者たちに伝え、午前一〇時にハンストは解除され、ハンスト者は直ちに山口日赤病院に運ばれた。

その翌日の「防長新聞」四月一五日号「社説」は、大浜炭鉱のハンストを取り上げている。地方新聞とはいえ新聞の社説で取り上げられるというのは、この争議が多くの人の関心を集める事件であったことを示している。

この社説では、まずハンスト戦術について、これを組合が土壇場に追い詰められた際にとる「最後の打開策」として肯定する。大浜炭鉱鉱員労組の現状は、今や、「全く生活に行詰った組合員並に家族に対し、その事情を納得させ闘争を継続させることが困難になって来た」、すなわち「カク首された七十五名は十九名の闘争専任者を残し、他は多く宇部、小野田等にて行商しつつ生活を支えてきたが、すでに今日では売るものも売りつくし、ここでなお事件の解決がつかなければ組合はもはや解散する以外に手がない」という土壇場に立ち至ったと認め、ハンストもやむなしとする。そして、鉱員労組のハンストは、「法の不備に対する身をもっての抗議であり、同時に反動勢力に対する身を賭しての闘争であった」と総括する。

それでは「法の不備」とは何か。不当労働行為に対する罰則が、法では「六月以下の禁錮または五百円以下の罰金」でしかなく、山口地裁判決で重盛五六は「罰金五百円」に処せられたが、罰金五百円が資本家にとってどれほどの意味を持つのか。ほとんど何の意味も持ちはしまい。こうした状況を社説は「法の不備」と呼んでいるわけである。

次に「反動勢力に対する身を賭しての闘争」とは、どういう状況か。社説の一部を以下に掲げる。

次に反動勢力の問題であるが、組合を徹底的に無視し、あくまで経営者としての独断専行を強行せんとする態度に出ずるとき、組合としては、社会の批判を待ってこれを退けなければならない。重盛所長の態度はなるほど生産をあげることにその信念のおきどころを求めているわけではあるが、しかし、結局においてそれは工員を犠牲的立場に置くことによって成就されるものであり、これに全従業員がついて行けないことも当然である。

これは重盛たちが提唱していた大浜一国社会主義に対する外部者から見た評言であり、おそらく実態を正しく描写したものとなっていたと思われる。

従業員組合の異議申立

前記したように、四月七日、県労委の決議をうけて山口県知事は大浜炭鉱従業員労働組合は労働組合の資格がないと決定した。これに対して、四月二六日、従業員労組は沖田軍一組合長名で労働大臣にあて異議申立書を提出した。

これをうけて労働大臣は、その審査について中央労働委員会へ依頼した。

Ⅳ　争議終息と最高裁判所の判決

1　広島高等裁判所の判決

その後の労資交渉

一九四八年四月一二日、労働省労政局の斡旋により「覚書」が交わされ争議は終結したかにみえたが、実際には真の終息まで紆余曲折が続いた。「覚書」内容の実施については、その第六項に「会社と組合との直接的且つ平和的交渉」により処置するとあるので、さっそく大浜炭鉱の現地において労資の交渉がはじまった。

四月一七日、鉱業所倶楽部を会場に、会社側から重盛所長・國田治男・佐々木繁夫・戸張栄一・灰谷彬、組合側から浅江民舎・池村秀雄・沼津興一、以上が集合して交渉が行われた。まず問題となったのは、労政局で取り交わした「覚書」の位置付けについて、会社側は裁判とは無関係とし、組合側は裁判確定までの暫定的措置だとした。

この対立は極めて基本的なことであったので妥協策はなく、労働省労政局長の見解を確かめるか、さもなくばこれを破棄するか、と意見がまとまらなかった。そこで労政局から蒲田事務官を招いて意見を聴くことになり、四月二一日、蒲田が現地大浜にやって来た。蒲田の見解は、裁判確定までの暫定的措置とし組合側に軍配をあげるものであった。

これ以後、蒲田事務官を交えて議論が行われたが、この流れは組合側に有利と見えたのか会社側が反発し、交渉はまとまらなかった。交渉は記録に見えるだけでも、四月二六日、二七日、二八日、三〇日、五月二日、七日と幾度にも及んだ。七日の交渉では遂に決裂し、蒲田事務官は帰京の決意を表明した。

だが、組合側の要望により県労委の斡旋で、五月八日に再度交渉が行われた。この時、会社側は左掲の協定案を提示し、これについて論議が行われた。

協定書（案）

大浜炭鉱株式会社（以下会社ト称ス）ト大浜炭鉱々員労働組合（以下組合ト称ス）ハ、会社ガ昭和二十二年十一月五日解雇セル浅江民舎外七十四名ニ付キ左ノ通リ協定ス

第一条　会社ハ七十六名中左ノ各号ニ該当スル以外ノ者ヲ新規採用スルモノトス

1　既ニ採用済ミノ者

2　既ニ会社ト本人ト合意ノ上退山セル者

3　解雇理由ガ怠業ト関係ナキ者
4　其ノ後ノ素行著シク不良ナル者
5　第二条ニ掲グル者

第二条　浅江民舎・池村秀雄・石崎末人・新垣秋好・新垣義雄・佐藤明ノ六名ハ退山スルモノトス

第三条　目下係争中ノ労働組合法違反ノ裁判確定シタル場合ハ、判決ニ応ジ左ノ通リ措置スルモノトス

一、違反ノ判決ヲ受ケタル場合
（イ）会社ハ違反ノ判決ヲ受ケタル部分ノ者ヲ形式的ニ復職セシメル
（ロ）会社ハ（イ）ノ者ニ不当解雇期間中ノ給与トシテ平均賃金ノ六割ニ其ノ間ノ操業日数ヲ乗ジタル額ヲ支給ス
（ハ）会社ハ違反ノ判決ヲ受ケタル部分ノ者ヲ更メテ詮衡シ、成ル可ク多クヲ引続キ雇傭スルモノトス

二、違反デナイ判決ヲ受ケタル場合
（イ）会社ハ所定ノ解雇手当ヲ支給ス
（ロ）会社ハ新規採用者ヲ更メテ詮衡シ、成ル可ク多クヲ引続キ雇傭スルモノトス

第四条　組合ハ本協定成立ト同時ニ一切ノ争議行為ヲ終止スルモノトス

第五条　本協定ニツイテハ会社組合双方共誠意ヲ以テ実施スルモノトス

第六条　本協定ノ解釈並ニ実施ニ付キ紛議ヲ生ジタルトキハ、労働省労政局長ノ斡旋ヲ依頼スルモノトス

なお、この協定案には付属協定書案もついていて、その内容は協定実施の細則である。まず、協定第一条に該当する者として八人の名を挙げ、この八人と退山六人を除いた者を新規採用者に予定し、採用時期については「六名退山完了セル後直チニ之ヲ行フ」とし、その職場配置については「成ル可ク本人ノ経験等ヲ勘案シ会社之ヲ決定スル」となっている。次に、退山六人は協定書調印後「速ニ辞表ヲ提出シ退山」し、その際会社は所定の解雇手当を支給するとなっている。

六人の退山問題

この会社側提出の協定案に組合側はなおも反発した。その論点を以下に挙げていく。

まず、右第二条の浅江民舎以下六人の退山に関して。会社側は速やかな六人の退山を希望した。これに対して組合側は基本的には了解するものの、六人には家族もあることだし、住む家が確保できて後に退山するということにしてほしい、ただし、無制限にいつまでも居座るというのではなく、住居が定まらなくても一カ月以内には転出するようにしたいと要望した。

だが、一般組合員としてみれば、六人が退山すれば指導者を失うことになり、今後の運動がどうなることか、と六人の退山に反対する者は多かった。六人が退山するのなら自分たちも退山すると言う者もいて、これには六人も大いに困惑したらしい。

もとをたどると、前年一二月二八日の浅江組合長・池村副組合長と重盛所長の会談において、浅江組合長は自分一人が争議の責任を負い退山してもよいと述べたことに端を発している。この浅江の判断が正しかったかどうか、評定に苦しむところだ。昔気質の侠気がそう言わしめたのだろうか。

争議の原因は重盛所長や会社側の不当な会社運営にある。それなのに、なぜ組合長がやめなければならないのか。それにもまして、最初は一人の退山提案だったものが、なぜ六人に膨れ上がったのか。組合長以外の五人の人選はどのような基準で行われたのか。そのあたりに疑問が湧く。以下、それについて若干の推測をしておきたい。

浅江組合長・池村副組合長・石崎末人書記長、この三人は組合執行部としての責任を問われたものであろう。それでは他の三人、新垣秋好・新垣義雄・佐藤明はどのような人物か。

新垣秋好は組合役員となったことは一度もない。ただ、七八人が就業停止された直後に、浅江組合長と二人で組合を代表する形で上京し、本社や石炭庁で抗議し、また、一九四八（昭和23）年一月一一日の役員改選のための鉱員大会では議長という重要な役を務めている。彼は組合役員ではないが、組合執行部と意を通じた関係にあった。

その弟・新垣義雄（25歳）は一九四八年一月浅江組合長のもとで「委員」をつとめた。彼は県庁前ハンストの実行者でもある。また、非常時増産完遂炭労青年部全国弁論大会の山口県支部予選に出場して五等となっている（「宇部時報」一九四八年三月二八日号）。青年部活動に熱心であったようである。佐藤明（40歳）は同前浅江委員長下で「常任委員」をつとめた。それ以外はよくわからない。年齢からみて青年部ではない。

この三人が選ばれた根拠は、たぶん争議における活躍ぶりが一段と目立った存在であったからだと思われるが、それのみでなく、新垣兄弟は共産党員とみなされての退山要求だったのではないか。その新垣氏に関して、この争議の翌年の記録に「大浜細胞をリードしてゐる新垣氏（解雇されたが現在大浜炭鉱社宅に居住）」との記載がある。すなわち、「新垣氏」は大浜炭鉱共産党細胞の中心人物とされている。ただし、兄・弟のどちらを指すのかはわからないが、おそらく兄秋好のほうであろう。

会社側はこの争議において、一貫して「一部過激分子」の活動をとくに警戒していたことは、すでに指摘してきた。佐々木資材課長が一九四八年一月一六日の鉱員組合との交渉の場で、「今日迄私等ノ見テ来タ組合ノ闘争ハ、日鉱ノ闘争方針トワ思ヘナイ、寧ロ産別以上の線ガアッタト思フ」と発言している。鉱員労組が加入していた「日鉱」はどちらかといえば右派なのであるが、それなのに「産別以上」と会社側の目には映じていた。「産別」とは、一九四六年八月に成立した全日本産業別労働組合会議の略称で、共産党の影響をうけた左派とされていた。鉱員労組の闘いは「産別以上」、すなわち急進的左派と受けとめられていたようだ。

現実には鉱員労組は「日鉱」傘下であり、組合長以下の幹部や大多数の組合員は保守的な人びとであったが、組合員中に「一部過激分子」がいて、その影響を強く受けたものと見られる。第Ⅲ章でとりあげた「行動隊」は、推測をたくましくすれば、新垣兄弟を中核とした青年グループであったかもしれない。

六九人の復職問題

会社側提示協定案の第三条第一項の（イ）に、「会社ハ違反ノ判決ヲ受ケタル部分ノ者ヲ形式的ニ復職セシメル」とある。この条文は文意がやや不明確である。「部分ノ者」とはいかなる意味であろうか。単純に考えて、馘首者七五人から六人を除いた六九人のことであろうか。あるいは、四月一二日の覚書では六九人は「新規採用ノ形ニ於テ就職セシメル」とあったが、会社側提案では現状に合わせたのか、すでに退山した者など八人を掲げ、退山予定の六人と合わせて一四人以外の六一人の復職問題としている。「部分ノ者」とは六一人のことにも思える。

これに対して組合は反発し、あくまで六九人の復職問題とした。すなわち、附属協定書第一条に挙げられた八人を認めなかった。すでに退職済みの者も生活のためやむなく退職したのであって、大浜への復職を認めるべきだという主張だろう。

なお組合側は、六九人の復職を「新規採用」とすることに異存はないが、「形式的ニ復職セシメル」ではなく、「原職ニ復職セシメル」と改めよと主張した。

また、協定案第三条第一項の（ハ）に、「会社ハ違反ノ判決ヲ受ケタル部分ノ者ヲ更メテ詮衡シ、成ル可ク多クヲ引続キ雇傭スルモノトス」にも疑問があった。「更メテ詮衡」は無用であるし、なるべく多くではなく、全員でなくてはならない、というのが組合の主張である。

その他、いくつかの相違点がある。まず、不当解雇中の給与について協定案第三条第一項の（ロ）に、会社側敗訴の場合、不当解雇中の給与として平均賃金の六割を支払うと会社側は主張していたに対して、組合側は平均賃金全額を払うべきだと主張した。

また、協定案第四条に「本協定成立ト同時ニ一切ノ争議行為ヲ終止スル」とあるが、組合側としては法廷闘争を含めて一切を終止するわけにはいかないと主張した。

こうした議論の末、この交渉も遂にまとまらなかった。蒲田事務官は別案として、退山者六人に各一万円、復職者に各五〇〇〇円を裁判に関係なく支払って解決してはどうかと提案したが、これも受け入れられなかった。蒲田事務官は匙を投げたのか、五月一三日には帰京したようだ。
こうして交渉は決裂して終わったため、鉱員組合は闘争体系を改めて整え、あくまで闘い続ける覚悟を定めた。その闘争方針は県労委福谷書記のメモ（五月一四日付）には以下のようにある。

1　解雇者七十五名は炭労山口支部で引き取り、就業せしめ、資金は毎月五万円程度炭労山口支部及九州よりカンパされることになって居り、常置闘争委員として大浜に六名常置する。
2　現在尚、鉱員組合員と従業員組合員との差別をしてゐる（例へば、条件の悪い職場に勤務さす等）から、徹底的に調査し第十一条違反として提訴する。
3　高裁の判決があったら直ちに民事裁判を起し、解雇無効の仮処分を要請する。

広島高等裁判所の判決

不毛とも思われる交渉が続いている間にも、広島高裁における審理も進行していた。五月六日に行われた広島高裁における公判では、検事は禁錮三カ月を求刑した。判決は五月二一日に言い渡された。

判　決

本籍　長野県上伊那郡伊那町〇〇〇〇番地
住所　小野田市大字小野田千二十番地

大浜炭鉱株式会社社長兼大浜鉱業所々長

重盛　五六

当四十二年

右の者に対する労働組合法並に労働関係調整法違反被告事件について、昭和二十二年十二月二十六日山口地方裁判所が言渡した有罪判決に対して、被告人並に原審検事からそれぐ〵適法な控訴の申立があったので、当裁判所は検事梅田鶴吉関与の上、更に審理をした結果次のように判決する。

（赤鉛筆）「判決月日　二十三年五月二十一日」

主　文

被告人を禁錮弐ケ月に処する。

但し、本裁判確定の日より参年間右刑の執行を猶予する。

訴訟費用は全部被告人の負担とする。

理　由

被告人は小野田市大字小野田千二十番地所在の大浜炭鉱株式会社大浜鉱業所所長であって、同鉱業所には鉱員約九百五十名で結成する鉱員労働組合（以下鉱員組合と略称する）及び職員八十余名で結成する職員労働組合（以下職員組合と略称する）があったところ、昭和二十二年八月二十日の経営協議会で鉱員組合から提出した「スライド」制増賃金の支給など経済的要求について協議中、被告人が右「スライド」制増賃金の支給を拒絶した後における言動が因で紛争を生じたため被告人が議事なかばに閉会を宣したので、組合長浅江民舎以下鉱員組合員全員は翌二十一日被告人が非民主的独裁的であるから鉱業所より追放すると云う決議をなし、同月二十九日被告人にその決議文を手交して労働争議に入り、同年九月十日全員同盟罷業を開始するに至った。他方職員組合員は二派にわかれその大多数は被告人を支持したが、うち職員佐藤溢彦外十三名は鉱員組合員に加担し被告人に辞職勧告書を手交して右同盟罷業に参加し、ここに争議は愈々激化するに至ったが同月二十六日より同月末にかけての右会社本店所在地東京都で折衝の結果、大綱の協定が成立し「スライド」制増賃金など経済的要求その他の細目の協定は現地で行うこととなったので、組合側においても被告人追放の要求を撤回し、同年十月五日同盟罷業を解除して作業を開始した。しかるに被告人は、

第一、同年十月十二日より同月二十四日にわたって前記鉱員組合員のうち怠業にでたものがあり、これがため作業能率が低下し経営秩序が破壊し、延いて事業を破滅に導く虞があったので右一部の怠業責任者の責任を問い、これにあわせて前記争議に対する責任を問い組合員に弾圧を加え、組合の団結を破壊してこれを弱体化せしめようと云う気持もあって、一、同月二十五日前記鉱業所において一律に怠業の責任を問うと云う名目で、鉱員組合員のうち組合長浅江民舎外七十七名の多数にのぼる前記怠業責任者ばかりでなく従来より組合の幹部的地位にあって組合事務に従事したり、また前記争議にあたり争議行為を熱心にした者に対して、就業を停止し自宅で謹慎することを命じて出勤停止処分をし、因って給与の減少を来たらしめて不利益な取扱をなし、二、同年十一月五日前同所において一律に前同様の名目で右浅江民舎外七十五名（右出勤停止者のうち二名を除いたもの）に対して解雇をなし　＊ここに赤で「（中略）」と書きこみあり。

第二、同年十月二十五日前記鉱業所において職員佐藤溢彦外十三名に対して、同人等が前記鉱員組合員に加担し争議に参加したことの責任を問い、何分の沙汰をするまで自宅で待機することを命じて出勤停止処分をし、因って給与の減少を来たさしめて不利益な取扱をなしたものであって、右鉱員組合員並に職員に対する出勤停止処分は犯意継続にかかるものとする。

証拠を按ずるに被告人が判示大浜鉱業所所長であって、同鉱業所には鉱員組合及び職員組合があり、鉱員組合員数が判示の数であったことは被告人の当公廷におけるその旨の供述により、職員組合員数が判示の数であったことは証人佐藤溢彦に対する訊問調書中同証人のその旨の供述記載により明かであって、鉱員組合員全員が判示の原因で判示のように昭和二十二年八月二十九日労働争議に入り、同年九月十日全員同盟罷業を開始するや職員組合員が判示のように二派に分かれ、うち十四名が判示のように右同盟罷業に参加するに至ったが、判示の経過で同年十月五日同盟罷業を解除して作業を開始したことは被告人の当公廷におけるその旨の供述によってこれを認めることができ、右認定の争議の経緯に徴するときは前記争議は判示の経済的要求の貫徹に終始し、被告人の追放と云うことはその主眼でなかったことが看取せられるから、右争議は労働組合運動または労働運動として正常な範囲を逸脱したものでなかったと認定する。

しかして前記争議が終了したにも拘らず鉱員組合員のうち同年十月十二日より同月二十四日にわたって全然出勤しなかったり、継続して出勤しなかったり、出勤しても実働時間が僅少であったり、係員の指示に添わなかったり、怠業を指導煽動その他怠業の空気を助長などしたものがあったため、作業能率が低下し経営秩序を破壊し延いて事業を破滅に導く虞があったことは、この点に関する被告人の当公廷における供述、第二回公判調書中証人田島鶴治の供述記載、並に証人國田治男、灰谷彬及び永井幸作に対する各訊問調書中同証人等の供述記載によってこれを認めることができるし、被告人が同年十月二十五日前記鉱業所において一律に怠業の責任を問うと云う名目で、鉱員組合員のうち組合長浅江民舎外七十七名に対して就業を停止し自宅で謹慎することを命じて出勤停止処分をなし、翌十一月五日前同所において一律に前同様の名目で右浅江民舎外七十五名（右出勤停止者のうち二名を除いたもの）に対して解雇を為したことは、被告人が当公廷においてこれを自白するところであって、右出勤停止処分によって鉱員組合員の給与の減少を来たしたことは、この点についての第二回公判調書中証人浅江民舎の供述記載及び証人中村保登に対する訊問調書中同証人の供述記載によってこれを認めることができる。そこで右鉱員組合員に対する出勤停止処分並に解雇が果して怠業の責任を問うだけのものであったか、それにあわせて前記争議に対する責任を問い、組合員に弾圧を加え、組合の団結を破壊してこれを弱体化せしめようと云う気持もあったのではないかとの点について審究するに、被告人は当公廷において前記解雇者のうちには鉱員組合の幹部であったものが包含されており平組合員は四十名位であったと供述しており、前記出勤停止者並に解雇者のうち浅江民舎は鉱員組合長、外二十六名は同副組合長、同書記長、同職場委員、同青年部長、同副部長、同書記長、及び同部委員であって、右二十七名並に外一名はいづれも闘争委員として争議に際し争議行為をなし、浅江民舎外十六名はいづれも残務処理委員として争議終了後の残務処理をしたものであったことは、この点についての第二回公判調書中証人浅江民舎の供述記載並に証人浅江民舎及び國田治男に対する各訊問調書中同証人等の供述記載によってこれを認めることができるので、これ等のことを前記認定のとおり前記争議は労働組合運動または労働運動として正常な範囲を逸脱したものでなかった事実、右争議には鉱員組合員が全員入っていた事実、右出勤停止処分並に解雇が争議の直後しかも短時日のうちになされた事実、出勤停止者並に解雇者の数が大量であった事実、被告人の当公廷における供述により認め得る前記被解雇鉱員組合員に対する出勤停止処分後十日間内に同人等が被告人に対し何等の弁解をしなかったと云う事実により、軽々しく同人等が怠業の責任者であることと承服したものと認め同人等を解雇したものである事実などをあわせ、なほこれを前記争議の原因及び経過に照して考へるときは、前記出勤停止処分並に解雇をなすにあたって単に一部の怠業責任者の責任を問うだけでなく、従来より組合の幹部的地位にあって組合事務に従事したり、また前記争議にあたり争議行為を熱心にした者に対する争議の責任を問ひ、組合員に弾圧を加え、組合の団結を破壊しこれを弱体化せしめようと云う気持もあったことを認定することができるから、前記出勤停止処分並に解雇は全体としては違法性があるものと云わねばならない。

次に被告人が同年十月二十五日前記鉱業所において職員佐藤溢彦外十三名に対して、何分の沙汰をするまで自宅で待機することを命じて出勤停止処分をなしたことは被告人が当公廷においてこれを自白するところで、右出勤停止処分が佐藤溢彦等が前記鉱員組合員に加担し争議に参加したことの責任を問いなされたことは証人佐藤溢彦に対する訊問調書中同証人のその旨の供述記載により明かであって、右出勤停止処分によって職員の給与の減少を来たしたことは証人佐藤溢彦に対する訊問調書中同証人のその旨の供述記載によってこれを認めることができる。しかして被告がなした前記鉱員組合員並に職員に対する出勤停止処分が犯意継続にかかることは、被告人が判示のように同じ日に同じ行為を繰り返していること自体で明白である。

よって判示事実はすべてその証明があるものである。

法律に照らすと被告人の前記所為のうち鉱員組合員に対する出勤停止処分並に解雇の点は、労働組合法第十一条第一項第三十三条第一項に触れるとともに労働関係調整法第四十条第四十一条に触れ、職員に対す出勤停止処分の点は労働関係調整法第四十条第四十一条にあたるが、鉱員組合員並に職員に対す出勤停止処分は犯意継続にかかるので、刑法第五十四条第一項前段第五十五条第十条により結局労働組合法違反罪の方が犯情が重いものとし、所定刑のうち禁錮刑を選択しその定められた刑期範囲内で被告人を禁錮二月に処し、右犯罪が判示のような事態の下でなされた点にかんがみ刑の執行を猶予するを相当と認め、刑法第二十五条により本裁判確定の日より三年間右刑の執行を猶予し、なほ訴訟費用は刑事訴訟法第二百三十七条第一項にしたがって全部被告人の負担とする。

よって主文のように判決する。

＊右の判決文は、五月三一日に浅江組合長が地労委あてに提出した判決文写しである。

判決は禁錮二カ月で、山口地裁判決の罰金五〇〇円よりも重くなったか軽くなったか判定に苦しむ。広島高裁の判決が出たので山口県地方労働委員会は大浜炭鉱株式会社・社長重盛五六に対して、「従業員復職に関する勧告書」を立案している（五月二五日立案）。その内容は、「怠業の首謀者若しくは責任者として解雇された浅江民舎外七五人中今だ旧職に復帰しあらざる者」を「全員旧職に復帰せしめること」であった。しかし、この復職勧告がなされたかどうかは確認できていない。いずれにせよ会社側の上告により無意味となった。審理は最高裁判所で行われることとなった。

占領軍の関与

大浜炭鉱争議が長引くなかで占領軍はこれを重大視し、その決着を急いだ。占領軍は当時共産主義勢力の日本における伸張を強く警戒するようになっていた。早くも冷戦が始まっていたのである。

一九四八年六月一日、山口市の占領軍軍政部に会社側・組合側双方の責任者が出頭を命ぜられ、県労委の立会の下で双方の意見聴取が行われた。そのとき軍政部から次のような提案がなされた。

一、労働組合は民主的に運営されねばならない。
二、組合の青年部はフラクション活動に利用され易い故、望ましいものではない。
三、六名は労働平和のため退山せねばならない。
四、労働組合は一つであることが望ましい。
五、民主的選挙に基き唯一の組合が発足すれば会社は之を認める。
六、六十九名は唯一の組合と協定して就業させる。
七、罷業、怠業、工場閉鎖をせぬと云ふ労働協約を締結して初めて六名は復帰することが出来る。
八、六名は復帰に際し三年間組合幹部にならぬことを誓はねばならぬ。
九、以上は労働委員会の仲介によって為さるべきである。

軍政部はやはり青年部を共産党の細胞活動の温床と見ていたようだ。大浜炭鉱は共産党が強いというのは、当時、宇部・小野田地方では定評のあったところである。

占領軍は六人の退山を「労働平和のため」に必要だ、としている。これはやや理解に苦しむが、大浜炭鉱の秩序維持を優先させる思考が働いたのだろう。

次に第二組合の存在が事態を複雑化させているとみて、唯一の組合を民主的に発足させ運営するようにと要請している。当然の要請であるが、それまでの組合は民主的運営でなかったと占領軍も思うところがあったということなのだろうか。

この占領軍の要請をうけて、会社側は六人の復職について、組合側はその六人が三年間組合幹部になれない点に関し、それぞれ異議があると発言した。これに対して軍政部は「炭鉱の平和と産業の復興の見地に立てば、お互いに不満の点も双務的に歩み寄らねばならない、これが所謂妥協と云ふものである」と説得し、双方は不満ながらも了承した。「泣く子と進駐軍には勝てぬ」という俗言どおり、やむなく従ったものであろう。

中労委への報告

県労委はこの軍政部斡旋にもとづき、それが実際に実行されるように臨時石炭委員会を構成して、これに調停を行わせた。

六月三〇日、県労委の石炭委員会が開かれ、調停が開始された。この同じ日に中央労働委員会は、県労委に対して現状報告を求めてきた。

およそ二カ月前の四月二六日に、従業員労組が山口県知事から労働組合の資格なしと認定されたことに対して労働大臣あてに異議申立書を提出し、これをうけた労働大臣が中労委に審査を依頼したことがあった。これ以来、中労委は大浜炭鉱争議の行方について関心を継続させていたのであろう。

そこで県労委は左掲の文書（七月九日起案）で以て回答した。

大浜炭鉱労働争議其の後の斡旋状況

一、斡旋を石炭地労委へ委任し、各増一名宛の委員で斡旋をこゝろみてゐるが、地労委の斡旋計画を基とした現状を左記の如くお知らせ致します。

二、地労委計画案

イ、六名は速かに会社並に組合役員を辞して退山する。但し期日を定め期日内には必ず退山する。

ロ、両労働組合を合併する。

ハ、唯一の労働組合が発足したら民主的選挙に依り新代表を選出する。

ニ、六十九名の採用条件を決定し、速かに就業せしめる。

ホ、労働協約を締結せしめる。

ヘ、労働協約中に六名の復職を規定し、協約締結と同時に六名の採用条件を決定して採用する。

三、計画案イに対しては、会社は了としてゐるが、組合は会社の今迄のやり方からみて退山に当り何等かの後の見透保証がつかねば不安だと言っている。

ロハについては、両者納得せるが、従業員組合は一本になるについて六十九名のものを入れず、残り全部で一本の組合を作り、その後入れたい、又六名も復帰すれば役員にはなれなくとも陰で策動する不安があると考へ、此の点も相当困難なものである。

ニホヘについても、六名の進退についての決定がつかねば解決のつかぬ問題であって六名の問題が解決すれば早急解決の望みももてるはずである。鉱員組合員も六名の進退については非常な関心をもち、六名の処置如何によってはどう動くか分らぬ状態である。

以上の様な状況で現在六名の退山に主眼をゝき、別個斡旋に努力してゐる。

石炭委員会の最後通告

七月二六日、山口県地方労働委員会の石炭委員会は左記の調停案を提示した。

調停案

一年間に亘る此の争議の解決を真に念願してこの調停案を提出する。

この解決策に対して当事者の総てに於て不満はあることと思われるが、問題の急速な解決により労働平和の確立、石炭増産のため大局的見地に立ち妥協されたい。

本案は順序をも示すものであるがその実現に当っては、軍政部提案の趣旨に従い、本委員会が責任を以て公正なる調停の労を執るから各当事者の充分且熱意ある協力を願いたい。

記

一、鉱員組合幹部六名（浅江、池村、佐藤、石崎、新垣兄、新垣弟）は速かに幹部を辞任し退山する。

二、鉱員組合及び従業員組合双方より同数の準備委員を選出し新組合設立準備委員会を構成、新組合の名称、規約、綱領、組合費等新組合に必要なる事項を審議検討し、準備完了後速かに合同し新組合を設立する。而して新組合設立と同時に民主的選挙によって新組合役員を選出する。

三、会社は速かに先に解雇した六十九名中次の者を除く全部を復職せしめる（解雇に同意し退山せるもの及び新規採用者）。

四、会社は問題の職員十四名中解雇に同意し退山せるもの及び新規採用者を除くものに付、速かに職員組合と協議し之に職場を与える。

五、会社と単一組合との間に団体協約を締結する。
六、団体協約締結後直ちに新組合は、会社と六十九名の先に復職したるもの並びに退山したる六名への経済的条件その他の条件を決定する。
七、経済条件決定後速かに先に退山せる六名を復職させる。
附言、右の実施に当っては別記の諒解事項を認めること。

昭和二十三年六月*二十六日　*七月が正しい。

山口県地方労働委員会
臨時石炭委員会
脇　昂
池田　英人
大井　実

別記

諒解事項

調停案実施に就ては次の諒解事項を誠意を持って実行せられたい。

記

一、復職とは、勤続年数を通算し待遇を引継ぎ在職した場合と同程度とし、原則としては以前の職場に復帰せしめることとする。
一、組合合同に際し六十九名中既に退山せる者を除き総てのものは組合員として参加出来る。
一、退山の六名は復職後三年間組合幹部に推挙さるるも辞退する旨を、労働委員会に対し文書を以て誓約する。

一、両組合合同に当り双方の組合に負債ある場合は双方の組合毎に清算し、負債は新組合に持ち込まないこととする。

（『中央労働時報』第九〇号、一九四九年三月五日）

しかし、この調停案は会社、両組合、ともに受諾することを認めなかった。そこで石炭委員会はやむなく、八月六日にこの調停案にもとづく勧告書を発した。おそらく会社や組合の反対の意向をくんで若干の修正が施されていたことと思われる。

この勧告書をうけて従業員組合は調停案を無修正で受諾の意を表明した。しかし、会社と鉱員組合はいずれも勧告書の修正を要求した。こうした事態に対して石炭委員会はこの勧告書は最後のものであり、かつ無修正としたいとの意向を強く示し、九月一〇日の鉱員組合回答書を最後に、九月一二日に大浜炭鉱株式会社・大浜炭鉱職員組合・大浜炭鉱従業員組合・大浜炭鉱鉱員労働組合、以上四者あてに最後通牒を発した。その末尾は以下のような文章である。

争議の遅延は益々混乱を招き解決を愈々困難ならしめるものである。之は石炭増産の強く要請されている現在にあって誠に遺憾の極であるので、各々当事者に於ては産業平和確立という大局的見地に立返られて、これ迄の本委員会の熱意と努力を水泡に帰せしめることなく、出来得る限り早急に円満妥結に至るよう努力されるよう念願する次第である。

（『中央労働時報』第九〇号、一九四九年三月五日）

県労委としてやるべきことはすべてやった、それでも妥結できないのなら仕方がない、お好きなようにいつまででも争いを続けなさい、我々は手を引きますよ、という最後通告である。

こうした事態にあって中央労働委員会が動いた。中労委事務局が現地大浜に出向き実情調査を行ったところ、両組合ともに組合統一を望んでいることが確認できた。おそらく、あまりに長引く争議に疲労感が漂っていたのだろう。また、大浜炭鉱々員労組の上部団体である日鉱も事態の早急な解決を望んでいた。

ちょうどそのころ、一〇月新賃金改訂の時期となった。中央では炭労、全石炭、炭協の共同戦線が成立し、全国にわたって統一賃金闘争が展開されることになった。

大浜の三者共闘

大浜炭鉱においても中央の動きをみて、職員組合、従業員組合、鉱員組合、この三者が共闘をしようという話が持ち上がった。中労委による組合統一への動きもその底流にあったと思われる。

まず職員組合が一一月一四日に大会を開いて、他の二組合に共闘を呼びかけることを決定し、翌一五日午後六時に共闘準備委員会が開催された。そこでの論議の結果、以下一〇カ条の申合せがなされた。

申合せ事項

一、大浜共闘は中央闘争の一環である。大浜共闘は飽くまで中央共闘の線内で闘争に参加する。

二、各組合が所属し又は影響下にある親団体からの指令は、勿論当然尊重されなければならない。

三、然しながら各地方支部からの指令が、スト突入の日時等具体的事項に関してそれぞれ異って発せられることは予想され、又これは当然でなければならない。
四、この場合各組合がそれぞれの指令通りに行動しなければならないとするならば、共同闘争は成立しないのみならず、三組合がばらばらで闘争を行っても無意味であり有効ではない。
五、スト突入の時期についても各親団体の指令を尊重しながら、然も大浜共闘委員会はその決議によって最後決定をなすものであって、中央闘争の線内で最も有効且つ適切な時期を選んで決定、強力なるストを敢行する。
六、この為に各組合は豫めその属する親団体に対して、右の事情を述べて了解を求めて置くべきこと。
七、共闘委員会発足以後は各組合単独で出して来た指令、情報、宣伝は共闘一本にとどめ、共闘書記局を通じて共闘委員長名を以て出す。これ以外のものは徒らに従業員を混乱せしめるが故に一切発表しない。
八、共闘委員会は各組合より五名宛選出された委員を以て構成する。
九、費用は原則として各組合がその組合員数に按分して負担するが、当分の間は職員組合が之を立替える。
十、大浜共闘委員会本部は地理的にも中央にある便宜上従組事務所を之にあてる。

（『中央労働時報』第九〇号、一九四九年三月五日）

この大浜炭鉱三者共闘の役員は次のように決まった。

委員長・中村保登（職員組合長）、副委員長・杉永一郎（鉱員組合役員）、組織部長・藤原勇（従業員組合長）、他に平尾推進部長（職）、久永宣伝部長（鉱）、杉永情報部長（鉱・兼任）、三浦渉外部長（従）、陶山書記局長（職）なども決まった。

この三者共闘の経験が生きて組合統一の機運が盛り上がったようだ。年末から熱心な交渉が再開された。

争議中も増産

一九四八（昭和23）年一一月二〇日の「防長新聞」は、大浜炭鉱が争議中も増産の努力を続けていたとする次の記事を載せた。

闘争中でも遂げたぞ『増炭』

一人平均出炭8トンの快記録―血涙の大浜鉱に凱歌

闘争が生産を減少させるどころか逆に一人当り五、六トンの全国平均を遥かに超過する八トンの出炭をあげ、〝闘争と増産〟の記録をたてた小野田市大浜炭鉱の出炭成績は全国炭業界で話題の中心となっている。

昨年八月から一カ年以上にわたって労資間紛争を続けている同鉱は、その間中央と山口県庁前で同時ハンストを決行するなど、紛争は熾烈を極めこの点でも炭業界の大きな話題であった。ことのおこりは昨年八月二十日現社長重盛五六氏を非民主的だという理由で浅井《ママ》委員長以下幹部が追放を要求したことからで、その間賃上げ問題は解決したが、社長追放をめぐって組合と職組と対立、かくて九月十日ストを敢行した。一方社長支持の職組は労組が人事にタッチする行過ぎを責めて抗争したため、労組側は生活問題から作業に入ったものの、十月十三日に至って再び坑内員がサボに入った。

さらに、本年一月十一日の労組役員改選で現幹部が争議中を理由に留任を声明したのに対し、反対派は第二組合を結成、ついに第一組合七十五名の首切反対問題まで惹起して闘争はクライマックスに達したが、会社はその間二つの組合を抱えながら一人当り八トンの生産をあげ、全国水準をオーバーする三トン強の快成績を持続しているわけで、〝闘争は闘争、増産は増産〟の二つの線を明確にした愉快な記録は生産の新道を行くものとして注目されているわけである。

これまでの組合声明等においても、組合は必ずといってよいほど増産に協力する旨の発言をくりかえしていた。暴力事件後の声明では「明朗大浜建設へノ増産闘争ニ結集ショウ。争議ノ為ノ団結ノ力ハ、ソク大浜建設へノ増産ノ力デナケレバナラナイ」（22・10・23）とあり「増産闘争」という用語も使われた。もちろん、重盛所長を先頭とする会社側も石炭増産を至上目標に定めていたことは言うまでもない。

このように労資ともに石炭増産を叫んでいたわけで、その結果として前掲の新聞記事となったのであろう。とりわけ組合が闘争方針として増産を叫んでいたことは重要である。まかり間違えば、労働者の労働強化につながりかねないことだけに、組合としては慎重に議論を重ねたことであろう。彼らの胸の奥には炭鉱労働者の誇りがあったに違いない。日本再建のために大いに貢献しているという思いが、彼らを厳しい労働に立ち向わせたのであろう。更には労働争議に向けられる世間の冷たい視線をやわらげ、逆に自分達への支持支援に変える効果を期待していたのかもしれない。

これに対して重盛所長は新しい労働体制を提案しこれを実施した。すなわち、「一週五日制の下に行われ一人当り一ヶ月約九瓲の出炭量を示した」（22・12・15）と重盛が自画自賛した「一週五日制」の労働体制である。重盛の「一週五日制」とはどのような労働態勢だったのだろうか。一週五日というからには現今でいう週休二日と同じなのだろうか。残念ながら詳しいことは何もわからない。

六人退山と争議の妥結

話を元にもどそう。組合の統一のためにいつも障碍となっていたものが六人の退山問題である。このままずるずると時間だけが経過するようでは、組合員の生活に重大な影響を及ぼすこと必至だから、そろそろ退山しようではないかと六人の中から言いだす者が現れた。

そこで連日のように交渉が行われ、馘首された人びとの意見を聞こうということになり、七五人の馘首者のうち現在も大浜に残存している四二人が集まって話し合いがもたれた。論議の結果は、二九対一三で、退山していただこうということになった。涙を流しながらの決定であったろう。その後、賃金等の交渉を行い、一九四九（昭和24）年一月一八日に至り、遂に左記のような協定を結び、ここに争議は最終的に妥結した。

協定書

大浜炭鉱株式会社（以下会社と称す）と会社が昭和二十二年十一月五日解雇せる浅江民舍外四十七名（氏名別記省略す）は左の通り協定す。

一、四十八名中浅江民舍、池村善雄《ママ》、石崎末人、佐藤明、新垣秋好、新垣義雄の六名は本協定成立後退山するものとす。

二、四十八名中前項六名を除く四十二名より本協定成立後一週間以内に採用の願出ありたる場合、会社は之れを一週間以内に採用するものとす。

この場合採用の日より一ケ月間は試用期間とす。

三、四十八名は昭和二十二年十一月五日解雇せられたることに同意し、山口地方裁判所に提起せる昭和二十三年（ワ）第二〇号解雇無効確認給料請求事件訴訟は、之を取下ぐるものとす。

四、本協定は目下係争中の刑事訴訟の結果に左右されざるものとす。

右協定の證として本書貳通を作成し、会社並びに浅江民舍各壱通を保有す。

昭和二十四年一月十八日

大浜炭鉱株式会社

取締役社長　重盛五六

四十八名代表　浅江民舍

附属協定書

大浜炭鉱株式会社（以下会社と称す）と会社が昭和二十二年十一月五日解雇せる浅江民舍外四十七名が昭和二十四年一月十八日付締結せる協定に基づき、左の通り附属協定す。

一、会社は四十八名に対し所定の解雇手当を支給す。

二、会社は四十八名に対し昭和二十二年十二月一人に付金壱千円宛貸付けたる金子の返済を免除するものとす。
三、四十八名中会社の採用せる者の社内在勤年数の計算には、昭和二十二年十一月五日解雇となりたる以前、願せるときより之れを通算するものとす。
但し、昭和二十二年十一月六日より採用の前日迄は之れを欠勤と見做す。
四、採用者に対しては会社が必要と認めたるときは生活資金を貸与す。
五、退山者浅江民舎外五名は協定成立後一ケ月以内に社宅を明渡し退山するものとす。
六、会社は退山者浅江民舎外五名に対し退山者として家族持金参万円、単身者金壱万五千円を社宅明渡しの際支給す。
七、会社は四十八名中採用の希望なき者に対し退山者として金壱封を支給する。
右附属協定の證として本書弐通を作成し、会社並びに浅江民舎各壱通を保有す。

昭和二十四年一月十八日

大浜炭鉱株式会社
取締役社長　重盛 五六
四十八名代表　浅江 民舎

（『中央労働時報』第九〇号、一九四九年三月五日）

なお、第一職員労働組合の一四人についても同様の協定が成り、退職手当一人金三万円の支給を受け、自主的に退職することになった。

前年六月一日の占領軍軍政部提案からはじまった六人の復職に関しては、県労委石炭委員会の六カ条の斡旋においても触れられていた。しかし、一九四九年一月一八日の最終的な労資の協定書では六人の復職に関しては、除かれている。

六人の復職はなかったとみてよいようだ。

2　最高裁判所の判決

労働組合の統一

一九四九（昭和24）年二月一一日、大浜炭鉱々員労働組合（代表者・杉永一郎）は、前年一一月二三日に県労委あてに提出した提訴状を取り下げた。一方、従業員労働組合は地労委から組合としての認定を外されていたが、中労委に不服申し立てを行っていたので、まだ存在し続けていた。

もはや争議も終結し、鉱員労組は第二組合たる従業員労組との了解の下に、両者が解散し、白紙的合同により新組合を結成しようとする機運が高まった。双方ともに刀折れ矢尽き、疲労困憊の結果だった。どちらかの勝利といったものではなかった。

二月二七日午前八時三〇分から正午近くまで、娯楽場において、大浜炭鉱労働組合の結成大会が開かれた。言うまでもなく鉱員労組と従業員労組とが合同するための大会である。

司会は藤原勇が行った。式次第はごく一般的なものであったが、最も重要なのは新組合の規約と役員の選任であろう。新組合規約については案が提示され、それにつき逐条審議が行われた。

組合長・副組合長は、大会（総会）において組合員の直接選挙で選ばれることとなった。前鉱員労組規約では大会でまず委員が選ばれ、その委員による互選で組合長が選ばれていたのだが、新方式に改められた。従来の鉱員労組はどちらかというと委員会中心主義の側面があったが、これ以後は大会と執行部を中心とした運営に変わったようだ。委員会中心の組合運営は一部尖鋭分子の関与を容易にし、執行部の指導が弱体化するとの反省があったものとみられる。争議の経験がこうした質的変化を可能にしたのだろう。なお、大会は毎月一回開催と定めようとしたが、無理ではないかと意見が出て、保留となった。

この大会に臨席していた県労委事務局の福谷希成は、この大会の印象を次のようにメモしている。

大会出席者約二百五十名、大会開会中始終会場を出入する者あり。一部の者を除き一般に熱意に乏しく、規約審議についての意見も愚劣なるもの多々あり。総じて低調の観であった。

新組合の名称は大浜炭鉱労働組合。組合長は有田好徳（前従業員労組）、副組合長は三輪繁太郎（前鉱員労組）と浜田実（前従業員労組）の二人。両組合の合併はどうやら従業員労組のペースで事が運んだらしい。前鉱員労組側は指導者六人をうしなった影響が大きかったようだ。また、長期にわたる争議に疲れ果て、前鉱員労組員たちには倦怠感と敗北感が漂っていた。争議は大勢の犠牲者を出して終結し新組合が発足したが、どこか寂寥感が漂う。

他方、職員労組はこの新組合には合同しなかったようだ。第一職員労組の一四人はすでに退山していた。

最高裁判所の判決

争議に関する最高裁判所の判決は、一九四九年四月二三日に出された。新組合結成から約二カ月後の事である。この裁判は鉱員労組の地労委提訴から始まったものだが、大浜炭鉱の新労組が引き継いだものとは思われない。なぜなら、新組合の組合長は有田好徳であり重盛所長側の人物だからである。おそらく山口県地労委の意志が裁判を継続させた主動力であったと思われる。また、争議を後援していた上部団体や鉱員労組退山者六人・第一職組一四人の意志も働いていたのかもしれない。

最高裁判所の判決の内容は、重盛五六社長に対して「本件上告を棄却する」であり、広島高等裁判所が言い渡した判決が確定した。組合側の勝訴といえる。

昭和二三年（れ）第七〇六号

判　決

本籍　長野県上伊那郡伊那町〇〇〇番地

住居　小野田市大字小野田一〇二〇番地

大浜炭鉱株式会社々長兼大浜鉱業所々長

重盛　五六

当四三年

右の者に対する労働組合法違反、労働関係調整法違反被告事件について、昭和二三年五月二一日広島高等裁判所が言渡した判決に対し、被告人から上告の申立があったので、当裁判所は次のとおり判決する。

主　文

本件上告を棄却する

理　由

弁護人両名の上告趣意第一点について

原判決の所論第一事実に摘示するところによれば、原判決は、被告人が同判示のごとく(1)組合長浅江民舎外七七名に対して出勤停止処分をなし、(2)次で、同人外七五名を解雇したのは、被告人が右全員に対して、同人等が判示労働争議に参加した責任を問い、これら鉱員労働組合員に弾圧を加え、組合の団結を破壊してこれを弱体化せしめようとの意図の下に、為されたものであるとするものであることは判文上明白である。ただ右組合員中には同判示のごとく、争議後において不当怠業をなした者もあったので、これらの者に対しては右怠業の責任を問う意図もあって、前記のごとき不利益処分に出でた旨を判示したに過ぎないのであって、論旨のごとく、右不利益取扱を受けた者の中に、不当怠業責任のみを問われたものの存しないことは、判文上おのづから明かである。

しかして、判示のごとく、使用者が労働者のなした労働争議に対する責任を問い、労働組合員に弾圧を加え、組合の団結を破壊してこれを弱体化せしめようとする意図の下に、労働者に対して不利益取扱をした場合においては、たとい、右意図の外に組合員の不当怠業行為の責任をも併せて問う意図があったにもせよ、単に不当怠業行為の責任のみを問うて不利益取扱をなした場合とは異って、労働者が労働組合員であること、若は労働組合の正当な行為を為したこと又は労働争議を為したこと等と右の労働者に対する不利益取扱との間には因果関係が存することが明かであるから、右使用者の労働者に対する不利益取扱行為は労働組合法第一一条又は労働関係調整法第四〇条に違反するものと認むべきである。従って、原判決が前記の如き被告人の所為を認定してこれを前記各法条に違反するものと判示したことについては、少しも法の解釈を誤った違法はなく、その他所論の如き理由不備又は審理不盡の違法はない。

同第二点について

原判決の認定した被告人の本件犯罪行為は、原判決挙示の証拠を綜合してこれを認めるに充分であって、所論のように、証拠に基かないで事実を認定した違法又は採証の法則に違反した点は認められない。論旨は、被告人のなした判示労働組合員に対する不利益取扱が単に右組合員等の判示の如き不当怠業行為の責任のみを問うてなされたものである旨縷々主張するものであるが、原判決は前点説明の如く、判示組合員の一部に対しては判示の如き不当怠業行為の責任をも問う趣意のあったことはこれを否定するものではないが、尚同人等に対して不利益取扱をなしたのは、単にこの不当怠業責任のみを問うたものではなく、これと併せて、判示争議責任等をも問う趣旨に出たものであること並にその他の組合員に対しては専ら判示争議責任等を問ふ趣旨に出たものであることを認定したものであるから、論旨は原審の認定せざる事実を強調するに過ぎず、畢竟原審の事実誤認を主張するものに外ならないから、違法な上告理由とならない。

同第三点について

大浜炭鉱株式会社鉱業所と同鉱業所職員をもって結成せられた大浜炭鉱職員労働組合との間には、

昭和二一年一一月労働協約が締結せられ、その協約において、いわゆるクローズドショップ制の規定がなされていること、右組合の組合員であった佐藤溢彦外一三名が昭和二二年九月下旬頃及び同年一〇月初旬頃の二回に亘って、右職員労働組合より除名せられ同組合は会社に対して同人等被除名者の解職を要求した事実は本件証拠上うかがわれるところである。

しかして、使用者が労働組合との間に締結した労働協約において、いわゆるクローズドショップ制の規定を設けた場合に組合がその組合員を除名したときは、別段の事情のないかぎり使用者は被除名者を解雇すべき義務あることは所論のとおりである。しかしながら、クローズド、ショップの規約がある場合においても組合から除名された者に対する、使用者の解雇その他の不利益取扱は、すべて労働関係調整法第四〇条に違反しないものと即断することはできない。

かゝる場合でも、右クローズドショップ制に関する規約の具体的内容、組合と使用者との関係、組合員除名の理由、右の除名が果して組合の自主性においてなされたかどうか、不利益取扱をした使用者への意図等を十分に審理検討した上、右不利益取扱が労働者の争議権を不当に侵犯するものであるかどうかを基準として、その不利益取扱が同法第四〇条の違反となるかどうかを決しなければならないのである。

原判決が本件において右労働協約におけるクローズドショップ制の存在及び前示除名並びに解雇要求等の事実が窺われるにかゝわらず、前述のごとき諸種の事情関係につき判文上何等説明するところなくして、本件不利益取扱をもって、直ちに同条違反となるものと判示したことは、判決説示として委曲をつくしたものとはいい難いけれども、本件記録によれば、原審は、如上各事情につい ても十分に審理検討を加え殊に判決挙示の原審証人佐藤溢彦に対する訊問調書中の供述記載によって判示職員労働組合の同人外一三名に対してなした除名は同組合において自主的になしたものでないことを確定した上遂に右クローズドショップ制並除名等の事情あるにかゝわらず、本件不利益取扱は同条違反に該当するものであるとの結論に達したものと推認することができる。もとよりクローズドショップ制に関する如上の点は、旧刑訴法第三六〇条第二項にいわゆる「法律上犯罪の成立を阻却すべき原由」には該らないのであるから右に関する事実上の主張に対し、判決において、特にその判断を示さなかったからといって、これがためにその判決に所論のごとき違法ありとすることはできない。

同第四点について

判示大浜炭鉱株式会社大浜鉱業所長の追放を主張して労働争議をなす場合においても、それが専ら同所長の追放自体を直接の目的とするものではなく、労働者の労働条件の維持改善その他経済的地位の向上を図るための必要的手段としてこれを主張する場合には、かゝる行為は必ずしも労働組合運動として正当な範囲を逸脱するものということを得ないものと解すべきである。

原判決は、判示争議において、判示組合員等の主張するところは「スライド」制増賃金の支払などの経済的要求の貫徹に終始し判示鉱業所長たる被告人の追放といふことはその主眼でなかったことを認めたものであって、しかもこの事実は、原判決の認定にかゝる判示争議の経緯によってこれを看取し得るところであるから、原判決が、判示組合員等の判示争議は労働組合運動又は労働運動として正常な範囲を逸脱したものでないと判断したのは少しも違法ではない。

論旨は、判示組合員等の主張が経済的要求に終始し、判示鉱業所長の追放はその主眼でなかったとの原判決の確定した事実を争うことに帰するものであって理由がない。

同第五点について

労働組合法第一一条又は労働関係調整法第四〇条にいわゆる不利益な取扱とは、たとえば、減俸昇給停止等の経済的待遇に関して不利益な、差別待遇を与えるのみでなく広く精神的待遇等について不利な差別的取扱をなすことをも含むものと解すべきである。従って、使用者が労働者に対して出勤停止処分をなした場合においては、たとえ、これによって給与その他の経済的待遇について、不利益な結果をきたさなくとも、右法条にいわゆる不利益な取扱に当るものと解して妨げない。殊に、原判示によれば、被告人は判示組合員浅江民舎外七七名に対して、出勤停止処分をなし、因って給与の減少をきたさしめたことを認定してゐるのであって、且挙示の証拠によれば判示組合員等は右出勤停止処分によって本給のみの支給を受くるに止まり、家族手当、入坑料を受け得ないこととなったことが認め得られるのであるから、原判決が右の出勤停止処分を目して前記法条にいわゆる不利益な取扱であると解したことは少しも違法でない。

同第六点について

原判決は、結局被告人が、争議に対する責任を問い組合員に弾圧を加え組合の団結を破壊してこれを弱体化せしめようとする趣旨の下に、判示鉱業《ママ》労働組合員浅江民舎外七〇余名、及び鉱業所職員組合員佐藤溢彦外一三名に対して、それぞれ、出勤停止処分及び解雇をなしたことを認定したものであることは、前段説明のとおりであって論旨はくりかへして、右組合員等に不当怠業の責任あり、本件処分は右怠業責任を問うためになされたものであることを論述し、これを前提として、原判決を攻撃するに過ぎず、畢竟、原審の専権に属する事実認定を非難するものであって、上告適法の理由とならない。

以上の理由により、刑訴施行法第二条、旧刑訴法第四四六条に従い主文のとおり判決する。
右は全裁判官一致の意見である。
検察官宮本増蔵関与
昭和二四年四月二三日

最高裁判所第二小法廷
裁判長裁判官　塚崎　直義
裁判官　霜山　精一
裁判官　栗山　茂
裁判官　藤田　八郎

被告側弁護人は第一東京弁護士会の毛受信雄と地元小野田市の広沢道彦で、この二人による上告趣意書が右の判決の後に続くが、長文なのでこれを割愛する。
さて、この判決を聞いた、大浜を去った浅江民舎など六人、第一職員労組の佐藤溢彦ら一四人、また争議に関わった鉱員労組の多数の人びとは、おそらくや深い感慨に沈んだことであろう。

最高裁判決の要点

最高裁判所事務局編『最高裁判所刑事判例集』第三巻第五号には、大浜炭鉱労働争議に関する前掲の最高裁判決が収録されているが、そのほかに「判示事項」「判決要旨」、それに「弁護人毛受信雄・

同広沢道彦の上告趣意」が載せられている。

法曹関係の文章は部外者には実に読みづらく理解しがたいものがあるので、最高裁判決についての理解を深めるためにも右の「判決要旨」を載せておきたい。

○判決要旨

一、使用者が、労働者のした労働争議に対する責任を問い、労働組合員に弾圧を加え、組合の団結を破壊してこれを弱体化せしめようとする意図の下に、労働者に対して不利益な取扱をした場合においては、たとえ右意図の外に組合員の不当怠業行為の責任をも併せて問う意図があったとしても、旧労働組合法第一一条又は労働関係調整法第四〇条に違反する。

二、労働協約においていわゆるクローズドショップの規約がある場合においても、組合から除名された者に対する使用者の解雇その他の不利益取扱は、すべて労働関係調整法第四〇条に違反しないものと即断することはできないのであって、右クローズドショップ制の規約の具体的内容、組合と使用者との関係、組合員除名の理由、右の除名が果して組合の自主性においてなされたかどうか、不利益取扱をした使用者側の意図等を十分に審理検討した上、右不利益取扱が労働者の争議権を不当に侵犯するものであるかどうかを基準として、それが同法第四〇条の違反となるかどうかを決しなければならない。

三、炭鉱株式会社の鉱業所長の追放を主張して労働争議をする場合においても、それが専ら同所長の追放自体を直接の目的とするものではなく、労働条件の維持改善その他経済的地位の向上を図るための必要的手段としてこれを主張するときは、必ずしも労働組合運動として正当な範囲を逸脱するものではない。

四、旧労働組合法第一一条又は労働関係調整法第四〇条にいわゆる不利益な取扱とは、減俸、昇給停止等の経済的待遇に関して不利益な差別待遇を与えるのみでなく、出勤を停止する等不利益な差別的取扱をすることをも含むものである。

右を読めば、判決のポイントが明らかになってくる。

すなわち、第一は、重盛所長の七六人解雇といった過激な処断は、労働争議に対する責任を問い、労働組合員に弾圧を加え、組合の団結を破壊してこれを弱体化せしめようとする意図の下になされた不利益な取扱に当たると認定し、たとえサボタージュの責任をも併せて問う意図があったとしても、旧労働組合法第一一条または労働関係調整法第四〇条に違反すると判断している。

これは労働者の組合活動と使用者による労働者への不利益取扱との間に因果関係があれば、旧労働組合法第一一条または労働関係調整法第四〇条違反が成立すると判断したもので、いわゆる不当労働行為についての判例として極めて重要なものである。

第二は、第一職員労組の一四人に対する重盛所長の処断についてであるが、クローズドショップ制の規定をもつ職員労働組合から除名された一四人を、規定どおり解雇したにすぎないから正当であるという会社の主張に対し、その除名は会社側の不公正な行為によって除名させた、すなわち職員組合の自主性のもとに行われていなかったと認定、たとえクローズドショップ制であったとしても労働関係調整法第四〇条違反が成立するとした。要するに、労働者の争議権を侵犯するような使用者側の処置は認められないということである。

第三は、所長追放を主張して労働争議をする場合においても、所長追放自体のみを目的とするのでなく、労働条件の維持改善等の経済的要求を実現するために所長追放が必要だと主張して行うのであれば、労働争議として正当であるとした。

第四は、いわゆる「不利益取扱」とは、減俸、昇給停止等の経済的待遇に関して不利益な差別待遇を与えるのみではなく、出勤停止等の不利益な差別的取扱も含まれるとした。

大浜争議の成果

大浜炭鉱労働争議は不当労働行為に対する最高裁判決第一号である。以後、不当労働行為はあちこちの職場でくりかえし発生し、それが労働組合と会社側の対立点となる場合は多かった。

不当労働行為が発生するその度ごとに判例として大浜炭鉱労働争議が参考とされてきた。いわば大浜炭鉱労働争議は労働運動の原点ともいうべき争議であり、その成果としての最高裁判決であった。

大浜炭鉱労働争議を闘った労働者たちに敬意を捧げたい。

大浜炭鉱労働争議略年表

一九四六（昭和21）年

1・13　大浜炭鉱々員労働組合の結成。組合長有田好徳。
2・26　大浜炭鉱職員労働組合の結成。
9・10　鉱員労組と会社が労働協約を締結。

一九四七（昭和22）年

1・13　鉱員労組役員改選により新組合長に浅江民舎を選出。
8・20　経営協議会に於いて所長重盛五六が独裁的言動。組合側が激しく反発。
8・21　緊急鉱員労組大会。所長追放を決議。
8・26　鉱員労組は、争議について山口県地方労働委員会へ調停を申請。
9・6　県労委の調停を組合・会社、共に口頭で承諾。翌日、会社側は承諾を取り消す。
9・10　鉱員労組、ストライキに突入。
9・20　職員一四人職員労組を脱退。第一職員労働組合を結成し、ストライキに合流。
9・28　東京会談（〜29日）会社と組合は協定書と覚書を交わす。
9・30　スト破り。それにともない暴力事件が発生。小野田警察署が出動。
10・3　第一職組の一四人を解職。この日、占領軍軍政部、大浜へ出張、暴力事件の調査。
10・4　組合長浅江民舎、協定書・覚書を正式受諾と会社に通告。この日正午に入坑式。
10・7　浅江組合長は口頭で「重盛所長追放は撤回」と約束し、復興資金九〇万円受領へ。

10・12　この頃からサボタージュ自然発生。
10・25　鉱員労組七八人と職員一四人に対して、重盛所長、就業停止と自宅謹慎を命ず。
10・31　会社は、第一職組の一四人を馘首。鉱員労組、組合員七八人就業停止につき県労委へ提訴。
11・5　鉱員七六人を馘首。
11・15　前組合長有田好徳ら、建設会を組織する。
11・20　県労委は大浜炭鉱争議について山口地検に告発。
12・26　山口地方裁判所にて判決言い渡し。重盛に罰金五〇〇円。所長、検事ともに控訴。

一九四八（昭和23）年

1・10　有田好徳前組合長らが、建設会を発展解消して改選期成同盟を組織する。
1・11　鉱員労組大会において、現組合執行部を再選。闘争終了まで継続することを決定。
1・12　改選期成同盟は職場協議会と名称変更。鉱員労組は職場協議会の有田ら四人を除名。
2・7　職場協議会は従業員労働組合と改称。いわゆる第二組合の成立。
4・2　鉱員労組は山口県庁玄関・東京国会議事堂前・大浜炭鉱、三カ所で同時にハンストに入る。
4・12　労働省労政局にて労働争議の妥結なる。なお、六人の退山と六九人の復職が課題となる。
5・21　広島高裁の判決。重盛五六に禁錮二カ月。会社側これを不服として上告。
11・15　年末闘争に関して職員労組・従業員労組・鉱員労組の三者共闘の提案。

一九四九（昭和24）年

1・18　会社側と解雇された人びとの間で協定書締結。これにより大浜争議は最終的決着。
2・27　鉱員労組と従業員労組が合同し、大浜炭鉱労働組合が発足。組合長有田好徳。
4・23　最高裁判所の判決。判決は上告棄却。最高裁による不当労働行為に関する判決第一号。

あとがき

悲しい最期

争議が終結して以後の大浜炭鉱は概して平和であり、労働者の生活は順調に回復していった。一九五〇（昭和25）年にはじまった朝鮮戦争が石炭需要を高め戦後復興は進んだ。だが、一九五三（昭和28）年に朝鮮戦争が休戦し石炭需要が急減、ちょうどそのころから石炭から石油へというエネルギー革命が始まった。たちまち石炭界は不況に沈んでいった。

大浜炭鉱は一九五四（昭和29）年末に休坑し、従業員全員を解雇した。だが海底にはまだたくさんの石炭が眠っていたのでその後大浜炭鉱は再開されたのだが、一九六三（昭和38）年五月七日、大落盤事故がおこった。

作業員一五人が坑内に取り残され、懸命の救助活動がなされたが泥流に阻まれ、救助隊にも被害が出そうな状況ともなった。落盤事故の原因は営利優先に走る会社経営にあるのではとの疑念も湧き、「労働組合があったなら……」という声が労働者たちの間から洩れた。あの大争議を闘った大浜炭鉱労働者たちであったが、再開後の大浜炭鉱には労働組合は結成されていなかった。

一五人の救出ができぬままに時間が流れ、彼らの生存は絶望視された。結局、救出作業は停止され、坑内に一五人を残したまま、八月一七日、ついに大浜炭鉱の坑口は閉ざされた。やむをえない選択ではあったろうが、哀しみの極みである。

今、大浜の地を訪れてみると、かつてそこに炭鉱があり、数千人の人びとが生活していたことを物語るものはほとんど何もない。ただ、かつての坑口の近く、捲揚機のあったあたりに大浜炭鉱犠牲者の慰霊碑がある。その裏面には大浜炭鉱の歴史のなかで残念ながら命を落とした人びとの名前が刻まれている。もちろん、最後の一五人の名前も。

なお、本書執筆中に本山小学校の同級生・日浦徳充さんから、この落盤事故について聞き取り調査を行った。日浦さんは大浜炭鉱で働き、事故当日は坑内にいた。「白っぽい泥が流れてきてね、逃げるのに精一杯じゃったんよ」と穏やかな語りぶりであった。また、カッペ採炭とはどのようなものかについて、図を描きながら丁寧に説明していただいた。だが、日浦さんは間もなくご病気で亡くなられた。本書の叙述に日浦さんからお聞きしたことが、随分と役立っている。日浦さんのご冥福をお祈りする。

大浜炭鉱犠牲者の慰霊碑

五六は不要？

家族八人が満州から引揚げて博多の地に上陸したのが、一九四六（昭和21）年七月であった。住む家もなく完全無一物の私たちは、翌四七年五月二七日、小野田市の大浜炭鉱に住み着いた。その三カ月後に大浜炭鉱の大労働争議がはじまった。

炭鉱で働きはじめた父好人（機電課ポンプ方・45歳）と兄幹人（軌道方・16歳）がこの労働争議にどのようにかかわったか、残念ながら聞いていない。

当時、私は小学校入学前（私の本山小学校入学は一九四八年四月）で、そのころの記憶はほとんどない。ただ一つ、組合がデモ行進をやったことがあって、そのことはかすかに記憶にある。

隣家の主人はまだ二〇代の朗らかな方だったが、その人が団扇状の小型のプラカードをたくさん作ってきて、周囲で遊んでいたぼくたち子どもに持たせた。見ると数字が漢字で書いてある。何のことやらと思っていたら、説明があった。

「ほらね。一、二、三、四で、五、六がなくて、七、八、九。つまり五六はいらんちゅうことじゃ」

子ども心にもその意味がわかったので、とても面白いと感じた。あの日はよく晴れた青空で、デモ行進にはお祭りのような気分で大人たちに蹤いて歩いた。

争議の記録は貴重

大浜炭鉱労働争議について書き終わった今、「何という凄い闘いなんだろうか！」と感嘆している。

私は労働運動についてはほとんど未経験で、わずかに山口県高教組の高校分会長を三度やったことがあるくらいのものである。そんな私だが、大浜の闘いを文字に起こしながら、「これは組合活動の教科書のような闘いだなあ」と思った。

とりわけ組合がその闘いの記録を丹念に文字にして残していることには感心させられた。地労委への提訴において、また裁判闘争においてこの記録類がものを言ったのだ。また、記録があることが、歴史として大浜炭鉱争議史を残すことにもつながった。本書を一読された方はすぐにお気づきのことと思うが、争議の状況が極めて具体的にわかるはずだ。それは一にも二にも、残された史料が豊富だということによる。

本書冒頭で私は二一世紀に入ってから労働運動が低調だと書いた。非正規労働者の数は増え、格差社会は拡大するばかりだ。現在こそ労働運動が必要だと思えるのに、なぜか若者たちは労働組合に入ろうとしないという。

現代の労働運動を前世紀のように再興しようとするなら、まず労働運動の歴史に学ばなければならない。ところが、戦国の英雄や維新の志士の研究は盛んに行われているが、現代的課題といえる労働運動史に関しては研究者は少なく研究実績も蓄積されていないというのが現状だ。

私の大浜炭鉱争議に関する未熟な研究も、こうした現状にあっては多少の意義もあるかもしれない、と思ってはいるのだが。

本書に多くの読者がいるとは到底思えないので、自費出版を思い立ち、解放出版社の加藤登美子さんに相談した。加藤さんは、私が若いころ香川県立高松高校の教諭として教鞭をとっていたときの教え子である。彼女は思いがけず解放出版社から出版するように道をつけ、校正その他さまざまな件でお世話して下さった。ここに記して謝意を表したいと思う。

また、本書が成るに当っては多くの方々のご教示やお世話をいただいた。御礼を申し上げます。

史料や図書・新聞の閲覧では、山口県文書館、山口県立山口図書館、宇部市立図書館、小野田市立図書館、山陽小野田市歴史民俗資料館、山口県史編纂室近代部会室、等々のお世話になった。また九州産業大学の草野真樹先生からは快く史料提供をうけた。感謝の意を表したいと思う。

二〇一七年二月

著者

布引敏雄（ぬのびき としお）

1942年、旧「満州国」のハイラル市に生まれる。戦後、引き揚げて山口県小野田市の大浜炭鉱にて少年時代を過ごす。1965年、大阪大学文学部史学科（国史学専攻）を卒業。1968年、大阪大学大学院文学研究科（史学専攻）修士課程を修了。

職歴は以下である。1965年度、香川県立高松高等学校教諭を勤める。1968年度からは、山口県文書館に研究員として勤め、1974年度から、山口農業高等学校秋穂分校・萩高等学校・山口中央高等学校の教諭として勤める。1985年度から、学校法人明浄学院大阪明浄女子短期大学の常勤講師。その後、助教授、教授となる。2000年、学校法人明浄学院大阪明浄大学（のちに大阪観光大学と名称変更）の教授となる。教学部長・観光学部長・副学長、また学校法人の理事を務める。2009年、大阪観光大学を退職。同大学名誉教授の称号を贈られる。

1991年、大阪大学にて文学博士の学位を取得する。

現在、公的な活動は全く行っていないが、唯一、社会福祉法人労道社姫井保育園（所在地・山口県山陽小野田市）の理事を務めている。

おもな著書

『隣保事業の思想と実践—姫井伊介と労道社』（解放出版社・2000）、『長州藩維新団』（解放出版社・2009）、『楨村正直—その長州藩時代』（文理閣・2011）など

おもな論文（著書に収録されていないもの）

「戦国大名毛利氏と地下人一揆」（『山口県文書館研究紀要』2号・1973）、「毛利氏関係戦国軍記の成立事情」（『日本史研究』373号・1993）、「毛利輝元側室二ノ丸様の薄幸」（『大阪明浄女子短期大学紀要』9号・1995）、「幕末長州藩における戦死忠死者祭祀」（『山口県史研究』20号・2012）など

大浜炭鉱労働争議の記録
——最高裁不当労働行為判決第一号がでるまで

2017年3月15日　初版 第1刷発行

著者　布引敏雄 ©
発行　株式会社　解放出版社
〒552-0001　大阪市港区波除4-1-37 HRCビル3F
TEL 06-6581-8542　FAX 06-6581-8552
東京営業所
〒101-0051　千代田区神田神保町2-23　アセンド神保町3F
TEL 03-5213-4771　FAX 03-3230-1600
http://kaihou-s.com
装丁　鈴木優子
印刷　モリモト印刷株式会社

ISBN978-4-7592-6775-4　NDC366.66　206P　19cm
定価はカバーに表示しております。落丁・乱丁おとりかえします。

障害などの理由で印刷媒体による本書のご利用が困難な方へ

本書の内容を、点訳データ、音読データ、拡大写本データなどに複製することを認めます。ただし、営利を目的とする場合はこのかぎりではありません。

また、本書をご購入いただいた方のうち、障害などのために本書を読めない方に、テキストデータを提供いたします。

ご希望の方は、下記のテキストデータ引換券（コピー不可）を同封し、住所、氏名、メールアドレス、電話番号をご記入のうえ、下記までお申し込みください。メールの添付ファイルでテキストデータを送ります。

なお、データはテキストのみで、写真などは含まれません。

第三者への貸与、配信、ネット上での公開などは著作権法で禁止されていますのでご留意をお願いいたします。

あて先：552-0001 大阪市港区波除 4-1-37 HRC ビル 3F 解放出版社
『大浜炭鉱労働争議の記録』テキストデータ係

テキストデータ引換券
『大浜炭鉱』
6775